单片机原理及应用实验教程

王　兵　　郝小江　**主　编**

黄　昆　廖其龙　曹玉东　**副主编**

西南交通大学出版社

·成　都·

图书在版编目（CIP）数据

单片机原理及应用实验教程／王兵，郝小江主编.
—成都：西南交通大学出版社，2016.8
ISBN 978-7-5643-4838-0

Ⅰ.①单… Ⅱ.①汪… ②郝… Ⅲ.①单片微型计算
机－教材 Ⅳ.①TP368.1

中国版本图书馆 CIP 数据核字（2016）第 175640 号

单片机原理及应用实验教程
王 兵　郝小江　主编

责任编辑	穆　丰
封面设计	米迦设计工作室
出版发行	西南交通大学出版社 （四川省成都市二环路北一段 111 号 西南交通大学创新大厦 21 楼）
发行部电话	028-87600564　028-87600533
邮政编码	610031
网址	http://www.xnjdcbs.com
印刷	成都蓉军广告印务有限责任公司
成品尺寸	185 mm × 260 mm
印张	12.75
字数	317 千
版次	2016 年 8 月第 1 版
印次	2016 年 8 月第 1 次
书号	ISBN 978-7-5643-4838-0
定价	32.00 元

课件咨询电话：028-87600533
图书如有印装质量问题　本社负责退换

前 言

本实验教程根据普通本科高校向应用型转变及省级实验教学示范中心-电工电子实验中心建设项目的要求而编写。单片机原理及应用技术在生产和生活中应用极为广泛，掌握该项技术，对于从事电气信息类专业的工程技术人员来说，具有举足轻重的意义。

在本实验教程的编写过程中，为了突出其应用的实效性，遵循理论性与实践性相结合原则、深入浅出和循序渐进原则、典型实例举一反三原则。

实验内容涵盖单片机的硬件资源及软件资源，主要包括单片机定时器/计数器、中断、USART串行通信接口、EEPROM、SPI 串行通信接口、PWM 脉宽调制和 A/D 转换等各种常见硬件接口及资源。介绍了单片机实验具有代表性的软件实验、硬件实验、综合实验和仿真实验。实验项目涵盖了单片机的各种硬件接口，如键盘接口、RS-232 通信、RS-485 通信、SPI 总线、步进电机控制、电压检测等。仿真实验介绍了具有典型应用的数字电压表实验、交通灯控制、电子密码锁、DS18B20 多点温度监测传输系统、STH11 数字温湿度测量。通过硬件实验和软件仿真实验使学生掌握单片机技术的设计开发能力，培养应用型人才。

全书由攀枝花学院电气信息工程学院及省级实验教学示范中心-电工电子实验中心王兵、郝小江主编。由于编者水平有限，书中不足之处在所难免，恳请广大师生及读者提出宝贵意见及建议。

编　者

2016 年 1 月

目 录

第一章　SUN ES59PA 实验系统的使用

SUN ES59PA 综合实验仪提供了最实用、新颖的接口实验，不但可以满足单片机课程的开放式实验教学，也可以使参加电子竞赛的学生熟悉各种类型的接口芯片，做各种实时控制实验，更好地面对电子竞赛。

SUN ES59PA 实验仪支持 Keil µVision2、µVision3，同时提供自主版权的星研集成环境软件，为用户提供了许多实用和方便的观察、调试、分析的功能，调试程序具有新颖性，可操作性。同时提供一个库文件便于调用，用户只需编写最主要的程序。

实验仪特点：硬件布局合理，清晰明了；模块化设计，兼容性强，可以轻松升级，减少设备投资；使用方便，易于维护。

本章通过循环点亮发光二极管和数据传送程序来介绍 SUN ES59PA 实验系统的使用、星研集成环境软件的使用方法以及它的强大的调试功能，掌握单片机软硬件开发使用环境。

一、循环点亮发光二极管

1. 运行星研集成软件

启动画面如图 1.1 所示。

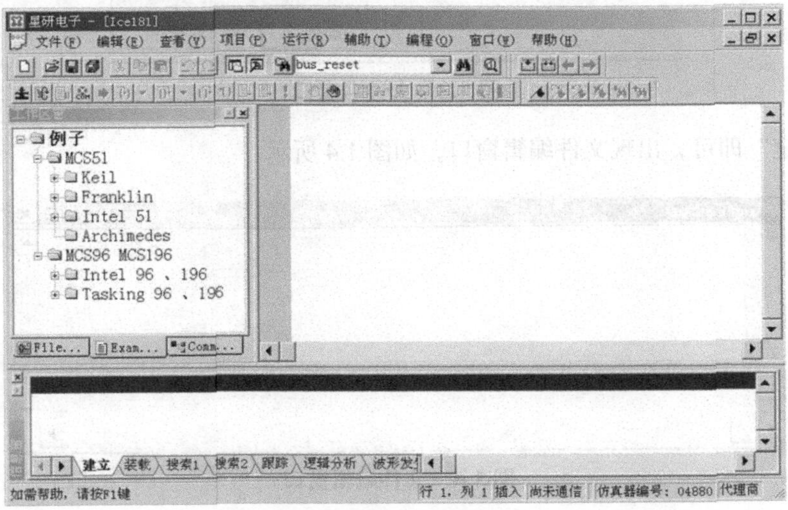

图 1.1　星研集成软件

2. 建立源文件

执行“主菜单”→“文件”→“新建”（或者点击图标），打开窗口如图 1.2 所示。

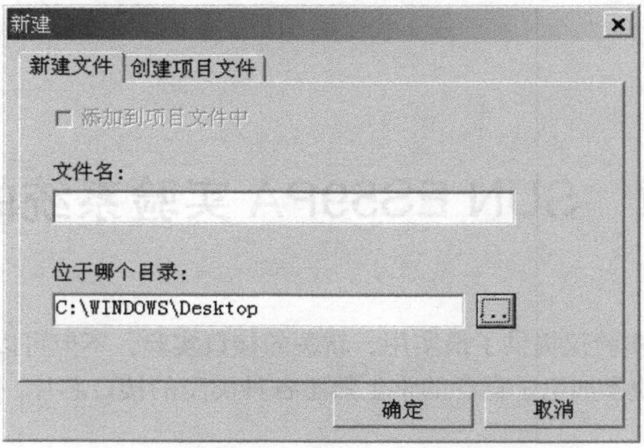

图 1.2 建立源文件

首先选择存放源文件的目录，输入文件名。注意：一定要输入文件名后缀，汇编语言文件名为“*.asm”，C 语言为“*.c”。本实例文件名为“xunhuan.asm”。窗口如图 1.3 所示。

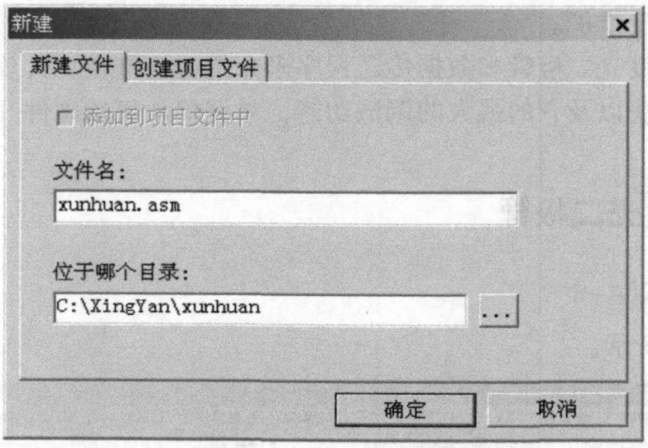

图 1.3 文件名窗口

单击“确定”即可，出现文件编辑窗口，如图 1.4 所示。

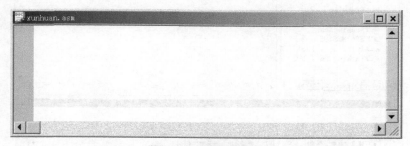

图 1.4 文件编辑窗口

输入源程序，本实例的源程序如下：

```
ORG     0000H
LJMP    START
ORG     0100H
```

```
START:      MOV     SP,#60H
            MOV     A,#0FFH
            CLR     C
START1:     RLC     A
            MOV     P1,A
            ACALL   Delay
            SJMP    START1
Delay:      MOV     R5,#2          ;延时
Delay1:     MOV     R6,#0
Delay2:     MOV     R7,#0
            DJNZ    R7,$
            DJNZ    R6,Delay2
            DJNZ    R5,X3
            RET
```

输入源程序，如图 1.5 所示。

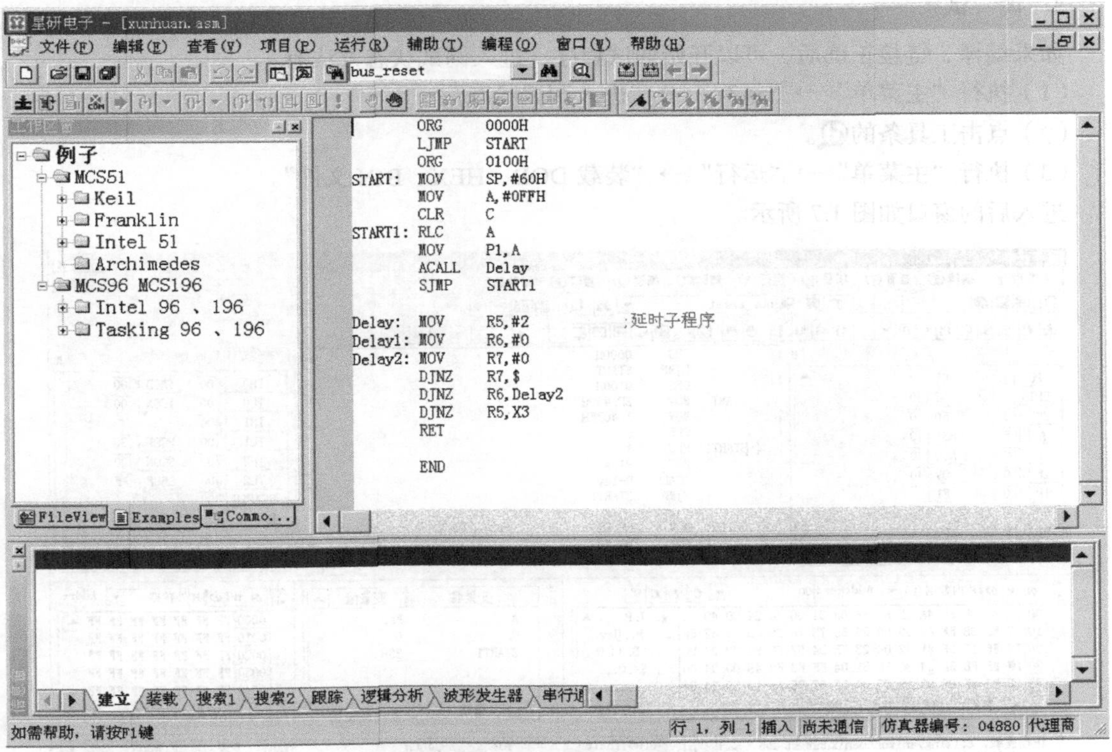

图 1.5 输入源程序窗口

3. 编译、链接文件

首先选择一个源文件，然后可以进行编译、链接文件了。对文件编译，如果没有错误，再与库文件链接，生成代码文件（DOB、HEX 文件）。编译、链接文件的方法有如下两种：

（1）使用“主菜单”→“项目”→“编译、链接”或“主菜单”→“项目”→“重新编译、链接”。

（2）点击图标或来“编译、链接”或“重新编译链接”。

编译、链接过程中产生的信息显示在信息窗的“建立”视窗中。编译如果没有错误的信息，如图 1.6 所示。

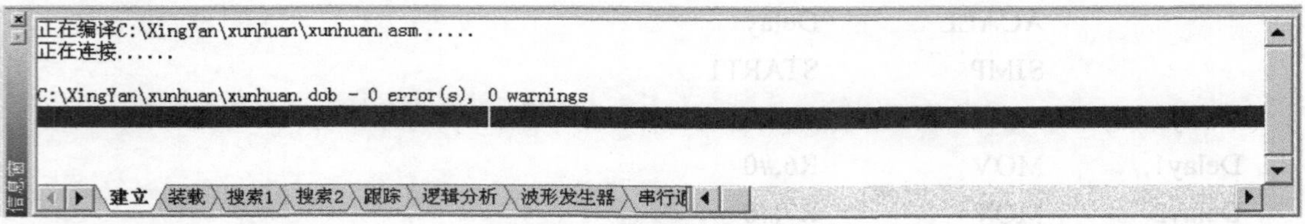

图 1.6 编译、链接信息

若有错误、警告信息，用鼠标左键双击错误、警告信息或将光标移到错误、警告信息上，回车，系统将自动打开对应的出错文件，并定位于出错行上。这时用户可以作相应的修改，直到编译、链接文件通过。

4. 调 试

如果编译、链接正确后，可以开始调试程序。进入调试状态方法有：

（1）执行“主菜单”→“运行”→“进入调试状态”。

（2）点击工具条的。

（3）执行“主菜单”→“运行”→“装载 DOB、HEX、BIN 文件”。

进入后的窗口如图 1.7 所示。

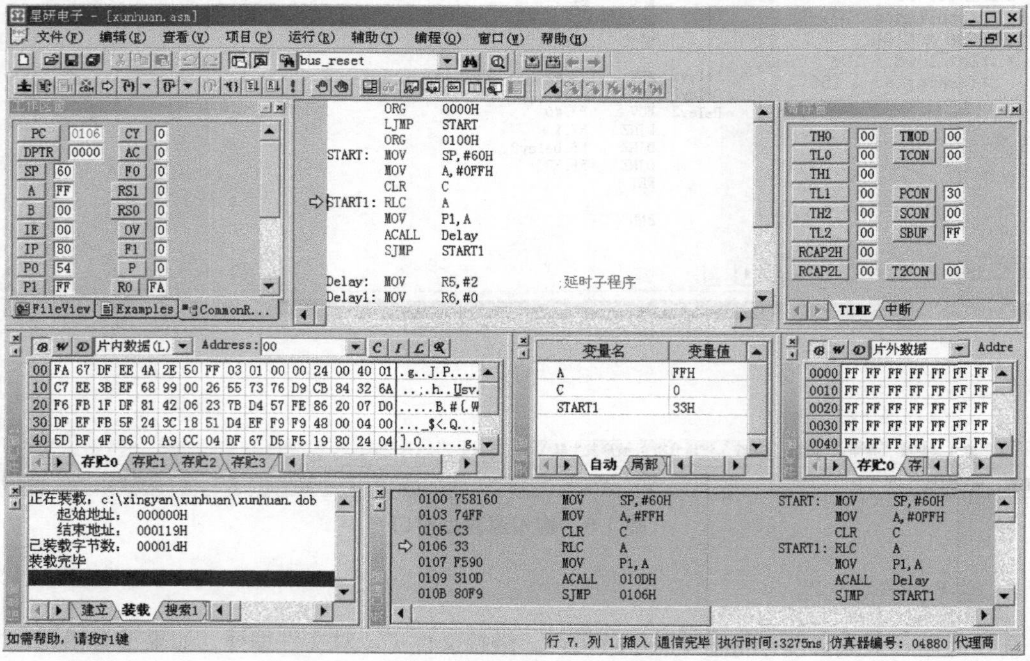

图 1.7 调试窗口

在工作区窗的“CommonRegister”中显示通用寄存器的信息。中间为源程序窗口，用户可在此设置断点，设置光标的运行处，编辑程序等。寄存器窗口中可以看到一些常用的寄存器的数值。存贮窗 1、存贮窗 2 等显示相应的内部数据空间、外部数据空间的数据，还有变量窗，自动收集变量显示其中。反汇编窗口显示对程序反汇编的信息代码、机器码。在信息窗的“装载”视图中，显示装载的代码文件、装载的字节数，装载完毕后，显示起始地址、结束地址。这种船坞化的窗口比通常的窗口显示的内容更多，移动非常方便，用鼠标左键点住窗口左边或上方的标题栏，移动鼠标，就能将窗口移到合适的位置。将鼠标移到窗口的边上，当鼠标的图标变成可变化窗口时的形状时，用鼠标左键点住，移动鼠标，变化一个或一组窗口的大小。在调试过程中，可以根据需要，在“主菜单”→“查看”中打开：寄存器窗口，存贮器窗口 1、2、3，观察窗，变量窗、反汇编窗等。

也可以通过“主菜单”→“辅助”→“设置”→“格式”，设置每一种窗口使用的字体、大小、颜色。移动对话框到您喜欢的位置、大小，在“种类”中选择一个窗口，然后选择“字体”“大小”，在“颜色”中选择某一类，在“前景”“背景”中选择颜色，如图 1.8 所示。

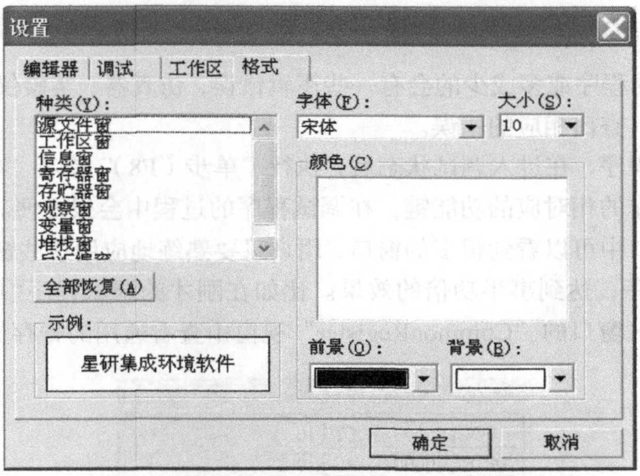

图 1.8　格式设置窗口

对于高级语言，在程序前有一段库文件提供的初始化代码，（当前可执行标志）不会出现在文件行上，如果使用 C 语言，可将光标移到 main 函数上，按“F4”功能键，使 CPU 全速运行到 main 行后停下。

使用以下命令调试程序：

：设置或清除断点（功能键为“F2”）功能。

在当前光标行上设置或清除一个断点。

：单步进入（功能键“F7”）功能。

单步执行当前行或当前指令，可进入函数或子程序。

：连续单步进入（功能键“Ctrl + F7”）功能。

连续执行“单步进入”，用鼠标点击或按任意键后，停止运行。

：单步（功能键“F8”）功能。

单步执行当前行或当前指令，将函数或子程序作为一条指令来执行。如果当前行中含有函数、子程序或发生中断，CPU 将执行完整个函数、子程序或中断，停止于当前行或当前指令的下一有代码的行上。

：连续单步（功能键“Ctrl + F8”）功能。

连续执行“单步”，用鼠标点击或按任意键后，停止运行。

：运行到光标行（功能键 F4）功能。

从当前地址开始全速运行用户程序，碰到光标行、断点或用鼠标点击，停止运行。

：全速断点（功能键 F9）功能。

从当前地址开始全速运行用户程序，碰到断点或用鼠标点击，停止运行。

：全速运行（功能键 Ctrl + F10）功能。

从当前地址开始全速运行用户程序，此时，按用户系统的复位键，CPU 从头开始执行用户程序，即对于 MCS51 类 CPU 是从 0 开始执行；用鼠标点击，停止运行。

：停止运行功能。

：终止微机与仿真器之间通信（功能键 ESC）。

5. 调试的方法及技巧

一般来说，用户的程序或多或少的会有一些逻辑错误，仿真器、实验仪和星研集成软件可以帮助用户很快的定位，查出相应的错误。

一般刚刚写好的程序，在进入调试状态后，执行“单步（F8）”或者“单步进入（F7）”来调试程序，记住这些操作的相对应的功能键，在调试程序的过程中会很方便。

在调试状态的窗口中可以看到很多的窗口，用户只要熟练地应用这些窗口来观察、分析数据就会很快的调试好程序，达到事半功倍的效果。比如在刚才的调试程序中我们多次执行“单步（F8）”命令，在工作区窗口的“CommonRegister”视窗中查看通用的寄存器，如图 1.9 所示。

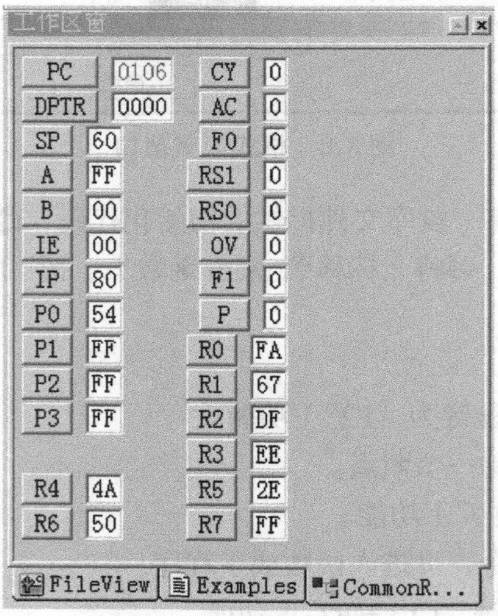

图 1.9　寄存器查看窗口

利用寄存器查看窗口，可以观察到在程序中所使用的一些寄存器的变化，比如累加器 A、P1 口的数值的变化。我们可以看到 P1 口中的数值依次变化为 FEH(1111 1110B)→ FDH(1111 1101B)

→FBH(1111 1011B) →F7H(1111 0111B) →EFH(1110 1111B) →DFH(1101 1111B) →BFH(1011 1111B) →7FH(0111 1111B)→FEH(1111 1110B)，很好地实现了 P1 口循环点亮发光二极管的功能。对于其他的一些寄存器的数值的观察也可以用来分析程序的逻辑功能。

把光标移动到 DELAY 子程序（具体操作是：用鼠标点击 Delay 行，然后再点击图标⇨），这时执行“连续单步（Ctrl+F7）”命令，在工作区窗口的“CommonRegister”视窗中我们可以看到寄存器 R5，R6，R7 数据的连续的变化，如图 1.10 所示。

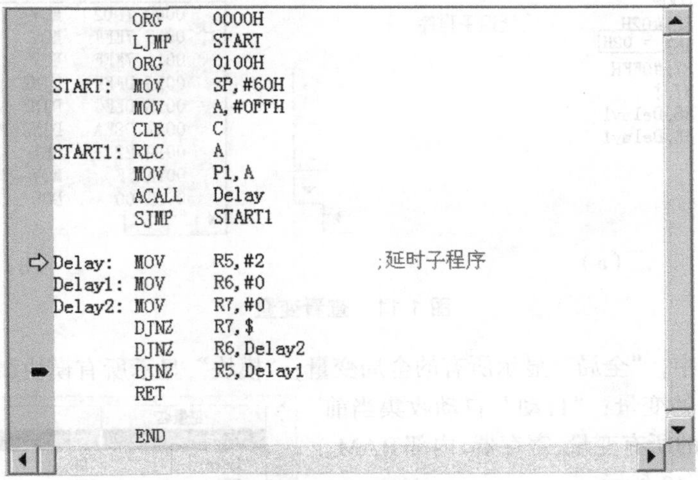

图 1.10　连续单步运行

使用本软件也可以很好的查出逻辑错误。如果输入程序为：

```
            ORG     0000H
            LJMP    START
START:      MOV     R4,#0FEH
LOOP:       MOV     P1,R4
            MOV     A,R4
            RR      A
            MOV     R4,A
            LCALL   DELAY
            LJMP    START
DELAY:      MOV     R0,#02H         ;延迟子程序
X3:         MOV     R1,#0FFH
X2:         MOV     R2,#0FFH
X1:         DJNZ    R2,X1
            DJNZ    R1,X2
            DJNZ    R0,X3
            RET
            END
```

在调试程序时，观察工作区窗口的“CommonRegister”视窗，就会看到尽管有 A，R4 的数值在变化，但是 P1 的数值始终没有变化。在调试时就会发现问题：LJMP START 应改为 LJMP LOOP。

也可以在软件中查看变量，查看变量有多种方法：

（1）鼠标移到文件窗、反汇编窗口中的变量、寄存器、内部 RAM、外部 RAM 上，半秒钟后，在它们的旁边，会显示相应的值，如图 1.11 所示。

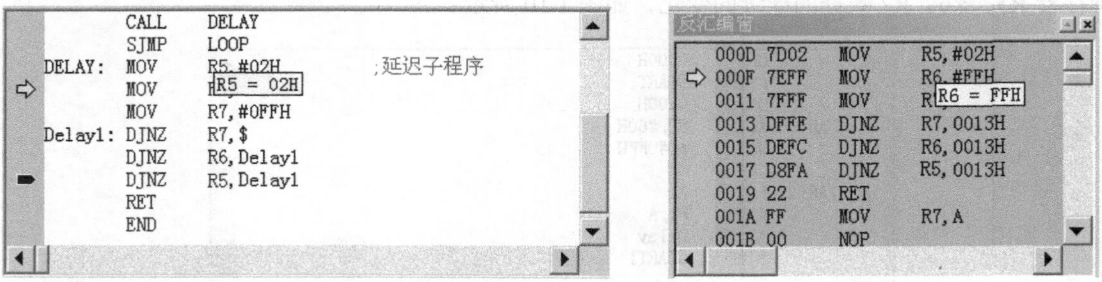

（a）　　　　（b）

图 1.11　查看变量

（2）在变量窗中，“全局”显示所有的全局变量；“模块”显示所有模块级变量；“局部”显示所有当前函数中的变量；“自动”自动收集当前可执行及前两行中的所有变量、寄存器、内部 RAM、外部 RAM，如图 1.12 所示。

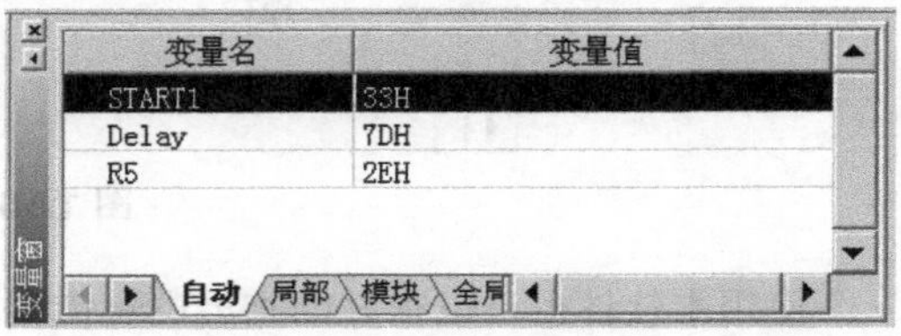

图 1.12　变量窗

二、数据传送程序

在调试程序时，对内部 RAM、外部 RAM 以及程序空间的数据都十分关心，总是想能够很方便的观察、修改和分析。星研集成软件在调试窗口中设置了 3 个存贮器窗口，每个窗口又设置了 4 个分页项，总计多达 12 个页面供用户查看选用。下面通过数据传送程序，对使用存贮器窗口观察片内数据、片外数据以及程序空间的功能作一个介绍。

本程序是实现将 CPU 内部 RAM 的 30H ~ 3FH 单元中的数据传送给外部数据 RAM 的 1000H ~ 100FH 单元中。再将它们作比较，如果不相同，说明程序有问题或实验仪 B5 区上的 61C256 有问题。

本例使用项目文件来进行管理，旨在通过建立一个具体的项目来介绍星研集成软件的使用方法。如果系统由几个文件组成，就必须使用项目文件。

1. 建立项目文件

执行“主菜单”→“文件”→“新建”（或者点击图标 🗋），打开窗口如图 1.13 所示。

由于星研集成软件是以项目为单位来管理程序的，所以在建立文件之前先要建立项目文件。点击“创建项目文件”分页项，输入项目文件名以及选择目录，星研集成软件在输入一个项目文件名时，就建立了以输入项目文件名为名字的一个文件夹，以后在编译、调试过程中生成的所有文件都在此文件夹里。键入项目文件名“move”，如图 1.14 所示。

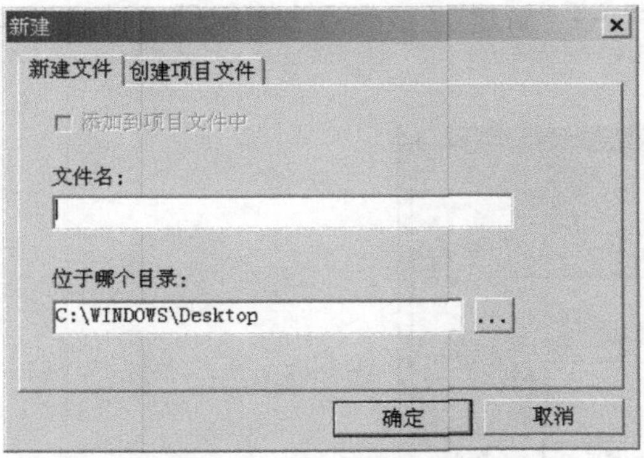

图 1.13　新建文件窗口

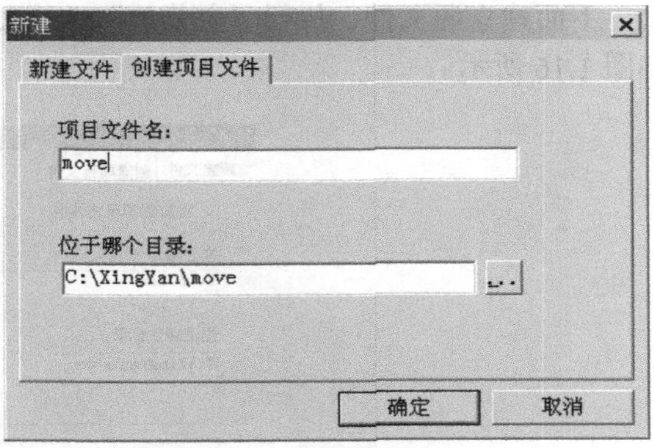

图 1.14　创建项目窗口

然后按“确定”按钮，进入“设置项目文件”部分。

2. 设置项目文件

设置项目文件选择缺省项目操作即可（直接点击“下一步”）。

3. 建立源文件

建立好项目文件的窗口如图 1.15 所示。

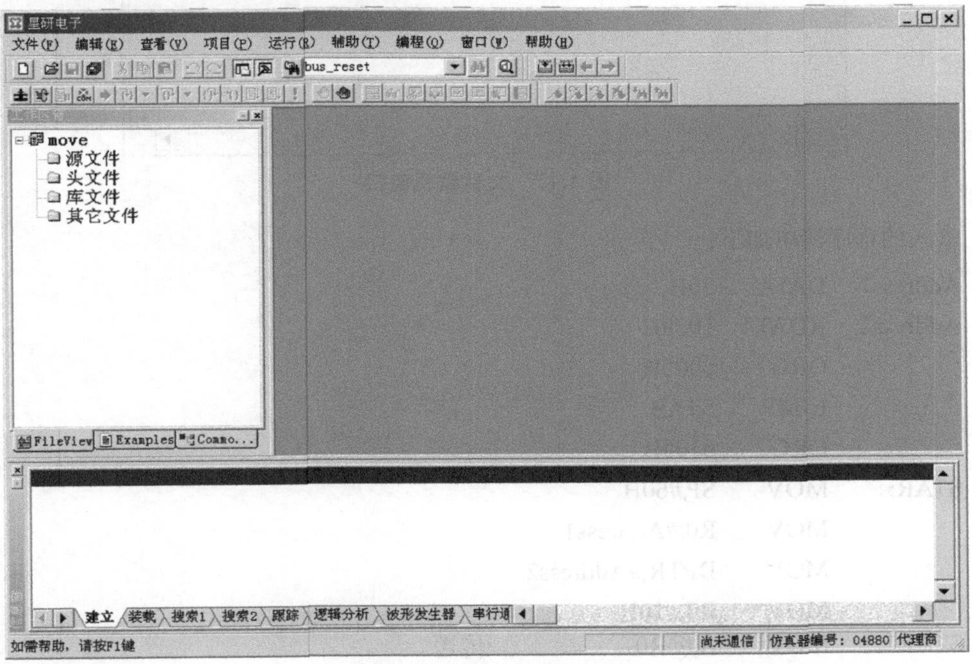

图 1.15　项目文件窗口

工作区窗的项目窗中，包含“源文件”“头文件”“库文件”“其他文件”。“库文件”通常包含编译软件自带的 OBJ、LIB 等库文件。“其他文件”中通常包含对该项目用途作一些说明的文件。

下面建立源文件，执行“主菜单”→“文件”→“新建”(或者点击图标 ▢)，打开窗口如图 1.16 所示。

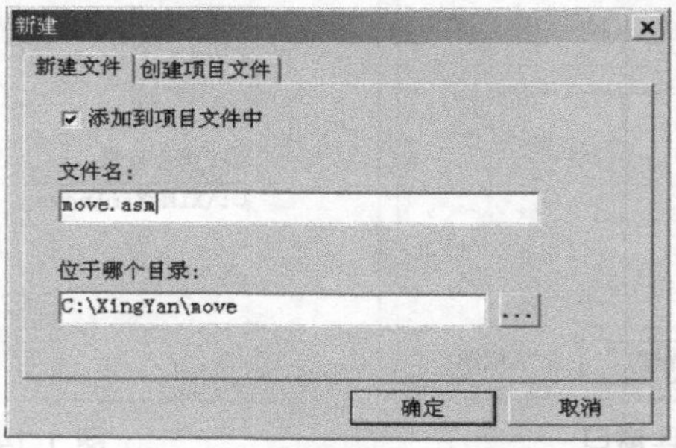

图 1.16　新建文件窗口

选定刚才建立的项目文件的文件夹，输入文件名，注意：一定要输入文件名后缀。系统会根据不同的后缀名给文件归类。比如：“*.asm”文件系统会自动归类为源文件。选中“添加到项目文件中”，系统自动将该模块文件加入到项目中。

按“确定”即可。然后即出现文件编辑窗口，如图 1.17 所示。

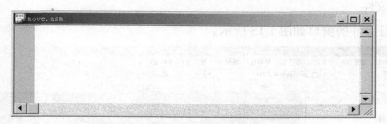

图 1.17　文件编辑窗口

输入的程序清单如下：

```
Address1    DATA     30H
Address2    XDATA    1000H
            ORG      0000H
            LJMP     STAR
            ORG      0100H
STAR:       MOV      SP,#60H
            MOV      R0,#Address1
            MOV      DPTR,#Address2
            MOV      R7,#10H
STAR1:      MOV      A,@R0              ;传送
            MOVX     @DPTR,A
            INC      R0
            INC      DPTR
            DJNZ     R7,STAR1
            MOV      R0,#Address1
```

```
        MOV     DPTR,#Address2
        MOV     R7,#10H
STAR2:  MOV     B,@R0           ;比较
        MOVX    A,@DPTR
        CJNE    A,B,STAR3
        INC     R0
        INC     DPTR
        DJNZ    R7,STAR2
        SJMP    $               ;传送正确
STAR3:  SJMP    $               ;传送错误
        END
```

建立好文件的窗口如图 1.18 所示。

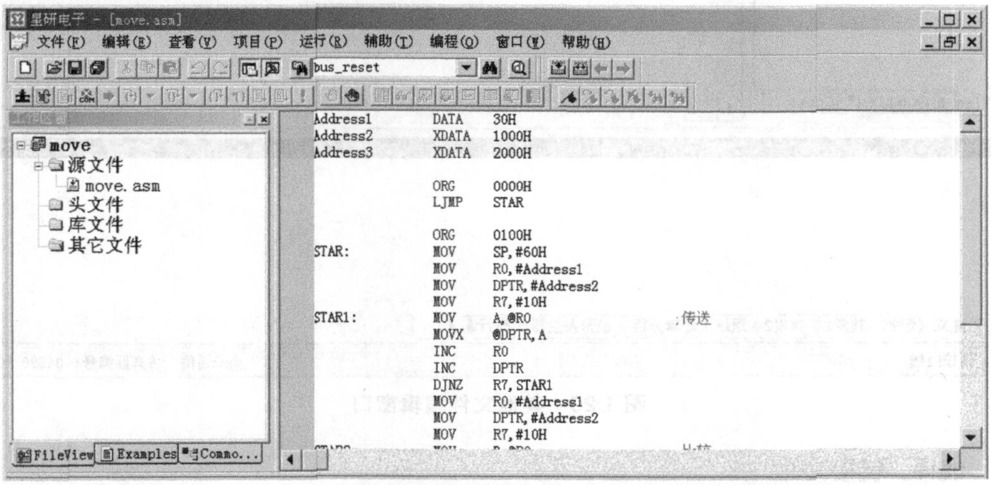

图 1.18　建立的文件窗口

若在新建文件时不输入文件后缀，则其文件不会保存在“源文件”那一项，而是保存在“其他文件”的文件夹中。一般建立对项目说明的文件即可用此方法。如图 1.19 所示建立了一个本程序的说明文档“shuoming”。

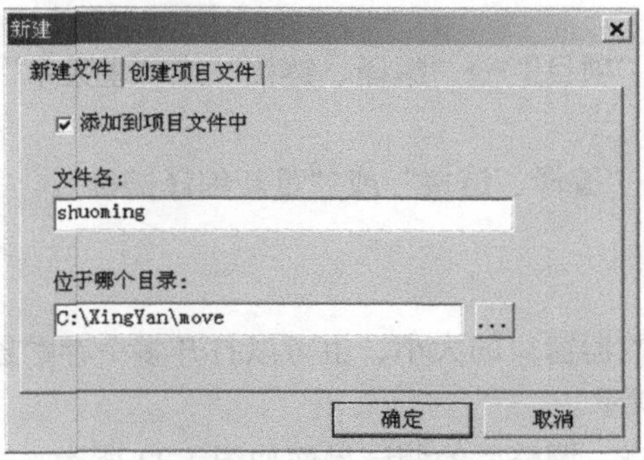

图 1.19　建立说明文档

然后编辑文档，如图 1.20 所示。再保存，就完成了。

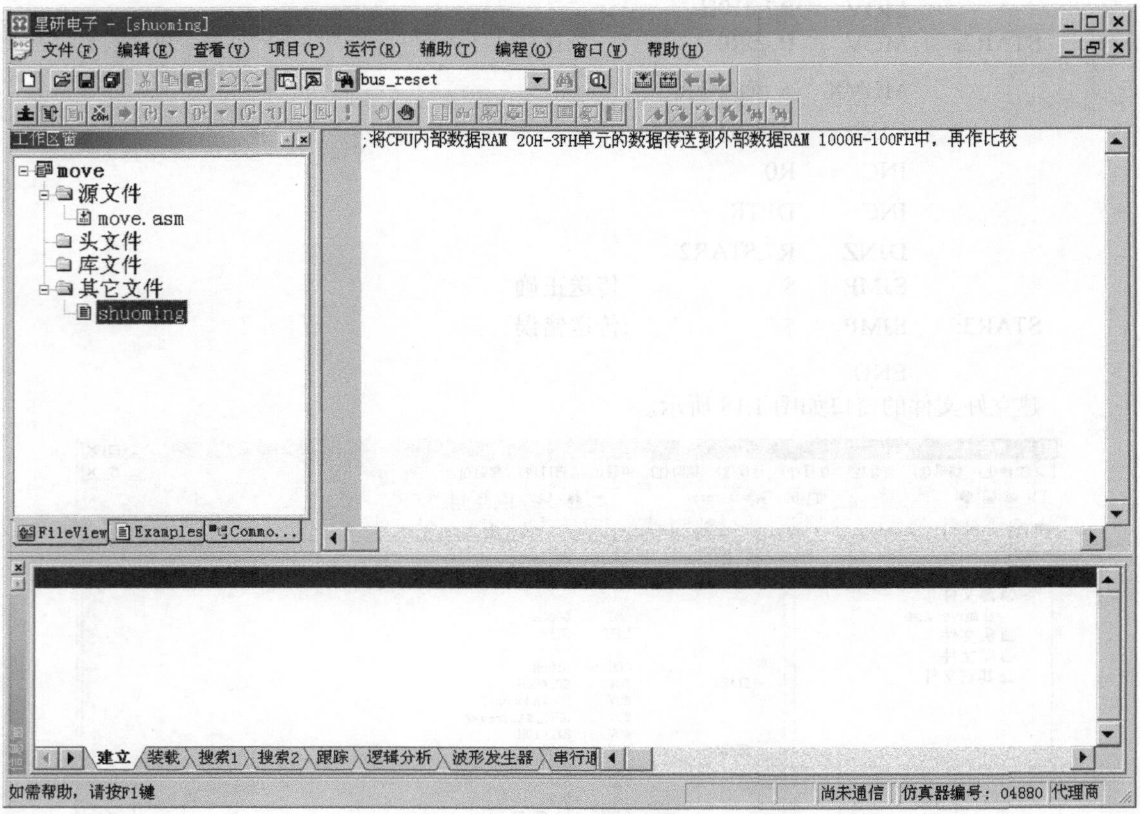

图 1.20　其他文件编辑窗口

4. 编译、链接文件

在建立好项目文件、源文件后，就可以编译、链接文件。对工作区窗口项目的“源文件”中所有模块文件编译，如果没有错误，再与“库文件”中所有库文件链接，生成代码文件（DOB、HEX 文件）。编译、链接文件的方法有如下 3 种：

（1）在工作区窗的项目视图中单击鼠标右键，系统弹出快捷菜单，选择“编译、链接”或“重新编译链接”。

（2）使用“主菜单”→“项目”→“编译、链接”或“主菜单”→“项目”→“重新编译、链接”。

（3）点击图标或来“编译、链接”或“重新编译链接”。

5. 调试项目文件

进入调试界面，调整存贮器窗口的大小，也可以打开多个存贮器窗口，具体操作是：“主菜单”→“查看”，如图 1.21 所示。

根据需要打开不同的窗口，调整后的调试界面如图 1.22 所示。

图 1.21　打开存贮器窗口

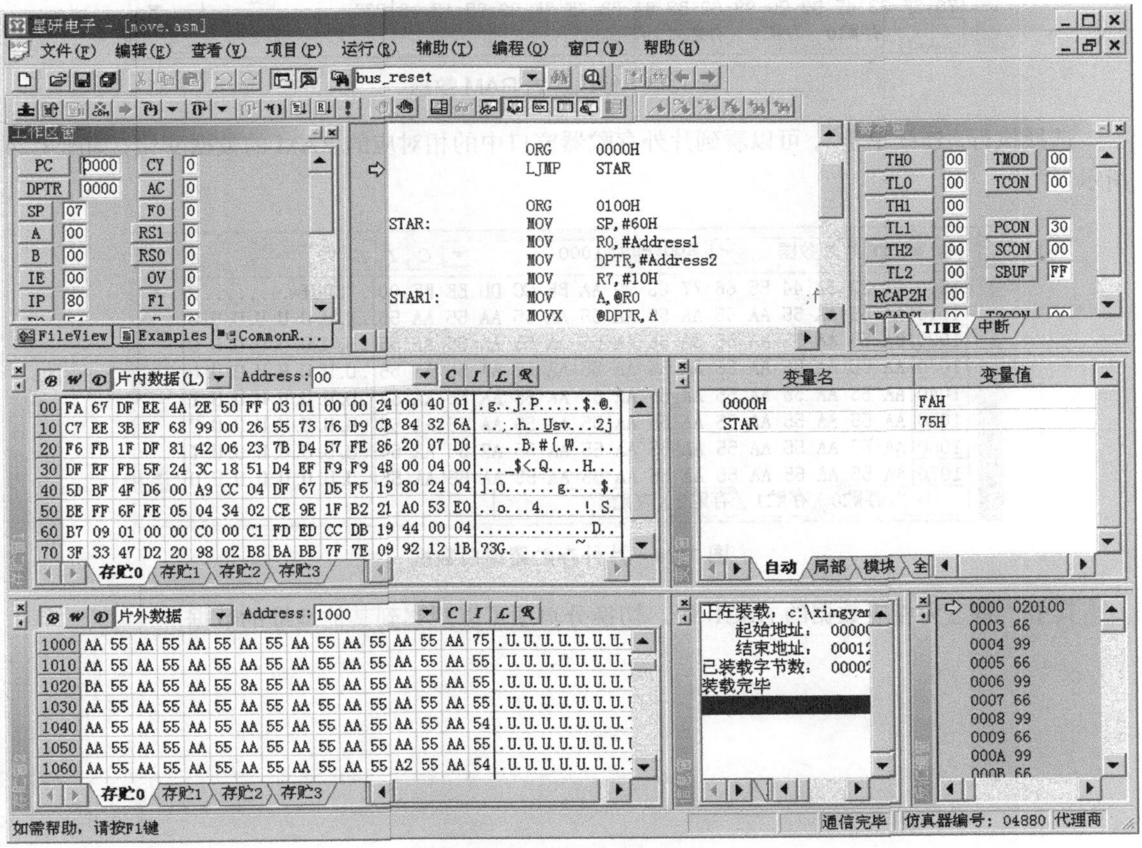

图 1.22　调试界面

由于本次操作主要是观察存贮器窗口，所以用鼠标拉大了这两个存贮器窗口的大小。每个窗口设置了 4 个分页项：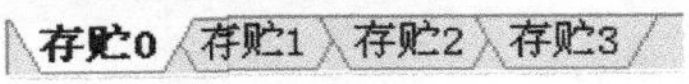，可以在不同的分页项设置不同的观察数据

空间以及地址范围。在程序空间中可以选择程序空间、片内数据、片外数据，根据需要可以做不同的观察空间的选择。在Address:0000中直接输入地址，然后按回车，就可以直接转到输入地址的窗口上面观察数据。这样设置界面的目的就是当用户要观察不同地址段的数据时，只要切换一下分页项就行了。软件中总共存在 3 个存贮器窗口，可以同时观察 3 个不同的地址。

存贮器窗口支持数据的直接修改功能。由于在此程序中写入数据的 RAM 空间分别为片内数据 RAM 30H、外部数据 RAM 1000H。根据自己的需要在窗口中直接修改数据。比如：执行程序前，将片内的 RAM 30H ~ 3FH 中的数据改为 11、22、33、44、55、66、77、88、99、AA、BB、CC、DD、EE、FF、00，在相对应的地址中直接输入数据即可查询，如图 1.23 所示。

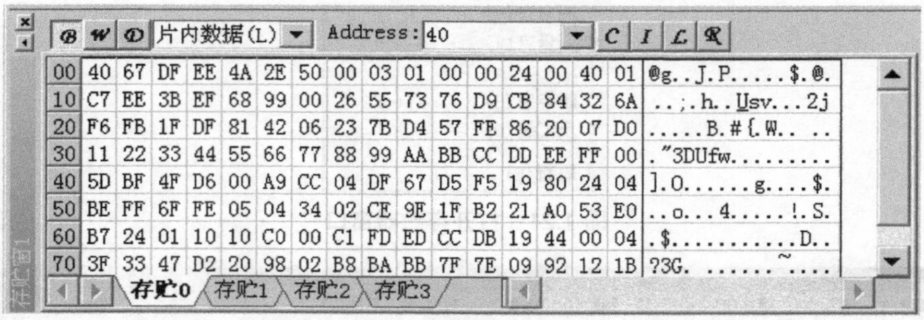

图 1.23　修改片内 RAM 数据

选择执行“连续单步”，可以看到片外存贮器窗口中的相对应的 RAM 的数据变化，如图 1.24 所示。

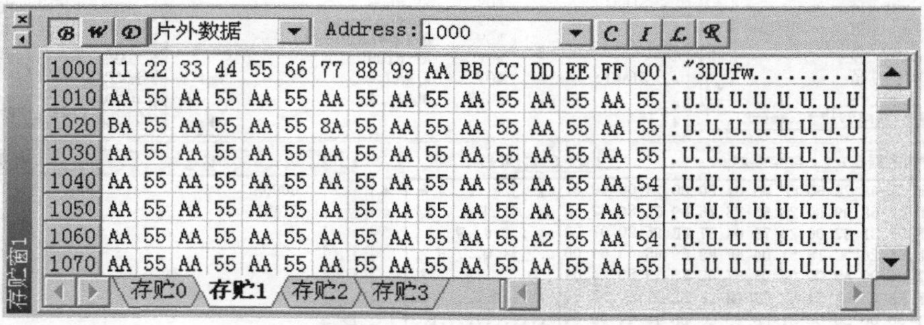

图 1.24　片外存贮器窗口数据

其中，右边为相应数据的 ASCII 码。切换分页项可以观察到其他地址的数据。

第二章　软件实验

软件实验部分共由四个实验组成，通过对这些实验程序的编写、调试，使学生熟悉 MCS51 的指令系统、中断系统、定时器、计数器等，了解程序设计过程，掌握汇编程序、C51 设计方法以及如何使用仿真器、实验系统提供的各种调试、分析手段来排除程序错误。

实验一　数据传送（RAM→XRAM）

一、实验目的

（1）熟悉星研集成环境软件或熟悉 Keil C51 集成环境软件的使用方法。
（2）熟悉 MCS51 汇编指令，能自己编写简单的程序，掌握数据传输的方法。

二、实验内容

（1）熟悉星研集成环境软件或熟悉 Keil C51 集成环境软件的使用方法。
（2）编写程序，实现内外部数据段的传送、校验。

三、程序框图

程序框图如图 2.1 所示。

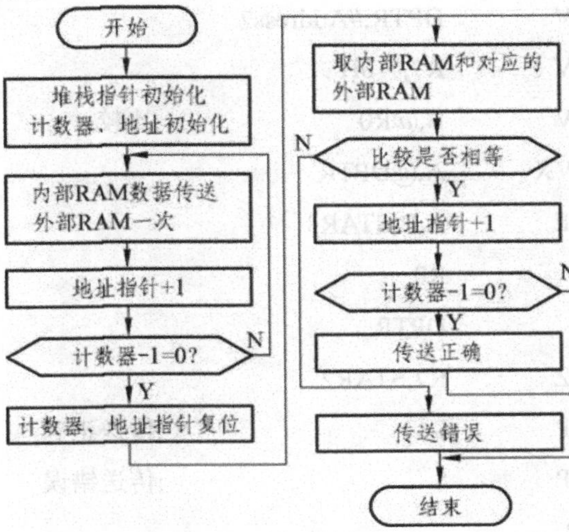

图 2.1　程序框图

四、实验步骤

在内部 RAM 30H ~ 3FH 中输入数据，使用单步、断点方式调试程序，检测外部数据 RAM 的 1000H ~ 100FH 中的内容。熟悉查看特殊功能寄存器、内部数据 RAM、外部数据空间的各种方法。

五、实验程序

```
Address1    DATA    30H
Address2    XDATA   1000H
            ORG     0000H
            LJMP    STAR
            ORG     0100H
STAR:       MOV     SP,#60H
            MOV     R0,#Address1
            MOV     DPTR,#Address2
            MOV     R7,#10H
STAR1:      MOV     A,@R0                   ;传送
            MOVX    @DPTR,A
            INC     R0
            INC     DPTR
            DJNZ    R7,STAR1
            MOV     R0,#Address1
            MOV     DPTR,#Address2
            MOV     R7,#10H
STAR2:      MOV     B,@R0                   ;比较
            MOVX    A,@DPTR
            CJNE    A,B,STAR3
            INC     R0
            INC     DPTR
            DJNZ    R7,STAR2
            SJMP    $                       ;传送正确
STAR3:      SJMP    $                       ;传送错误
            END
```

（1）运行程序前，打开变量窗、两个存贮器窗口（一个选择片内数据，一个选择片外数据，起始地址选择 1000H），每个存贮器窗口有四个标签。

（2）使用单步进入命令，运行到 MOVX　@DPTR，A 行后，观察运行过程中变量窗有何变化？将鼠标停留在 A、SP、@R0、@DPTR 上一秒后，会出现什么？

（3）将光标移到 MOVX　@DPTR,A 行上，使用“运行到光标处”命令，观察运行结果，体会与“单步进入”命令的不同之处。

（4）在 MOV　R7,#10H 行上，设置一个断点，使用全速断点命令运行几次，观察运行结果，分析与“运行到光标处”命令的区别。

（5）使用全速运行命令，稍后，点击工具条上“停止运行”命令按钮，观察当前执行箭头停在哪一行？运行结果是否正确？与“全速断点运行”命令有何区别？

（6）观察寄存器，有几种方法：

① 在工作区窗的通用寄存器中；

② 变量窗；

③ 鼠标停留在寄存器上；

④ 观察窗；

⑤ 寄存器窗。

（7）查看 CPU 内部数据 RAM、CPU 片外数据 RAM：

① 存贮器窗；

② 变量窗；

③ 鼠标停留在 CPU 内部数据 RAM、CPU 片外数据 RAM 的地址、@R0、@DPTR 上面。

六、思考题

编写一个程序，将外部数据 RAM 中的数据传送到内部数据 RAM 中。

实验二　散　转

一、实验目的

熟悉使用 MCS51 指令，掌握汇编语言的设计和调试方法；理解并能运用散转指令。

二、实验内容

编写程序，根据接收到的键值，做不同的处理。

三、程序框图

程序框图如图 2.2 所示。

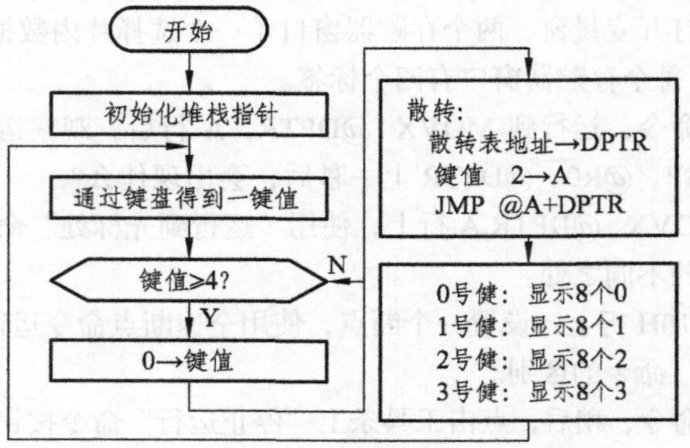

图 2.2　程序框图

四、实验步骤

（1）连线说明（见表 2.1）:

表 2.1　连线说明

连线端	连接到	连线端
D3 区：SDA、SCL	——	A3 区：P3.0、P3.1
D3 区：A、B、C、D	——	F4 区：A、B、C、D

（2）在 F4 区的键盘上输入 1 位数。
（3）使用各种手段调试程序。
（4）结果显示在 F4 区的数码管上。

五、程序清单

```
;调用 GetKey 返回键值,根据键值执行相应的程序
;0 号键显示 3，1 号键显示 2,......,3 号键显示 0
EXTRN       CODE(GetKeyB, Display8)
buffer      DATA        30H             ;内部 RAM30H-37H 为缓冲区
            ORG         0000H
            LJMP        STAR
            ORG         0100H
STAR:       MOV         SP,#60H
STAR1:      MOV         A,#1            ;按一下键,就返回
            MOV         R0,#buffer      ;键值存放在内部 RAM 30H
```

```
          LCALL     GetKeyB
          CJNE      A,#4,$+3
          JC        STAR2
          CLR       A               ;大于 3，作 0 处理
STAR2:    RL        A
          MOV       DPTR,#Tab_1
          JMP       @A+DPTR
Tab_1:    SJMP      Key0
          SJMP      Key1
          SJMP      Key2
          SJMP      Key3
Key0:     MOV       A,#3
          SJMP      Key
Key1:     MOV       A,#2
          SJMP      Key
Key2:     MOV       A,#1
          SJMP      Key
Key3:     MOV       A,#0
          SJMP      Key
Key:      MOV       R7,#8
          MOV       R0,#buffer
Key_1:    MOV       @R0,A
          INC       R0
          DJNZ      R7,Key_1
          MOV       R0,#buffer
          LCALL     Display8
Delay:    MOV       R5,#4
Delay1:   MOV       R6,#0
Delay2:   MOV       R7,#0
          DJNZ      R7,$
          DJNZ      R6,Delay2
          DJNZ      R5,Delay1
          LJMP      STAR1
          END
```

六、思考题

程序中为什么要把输入的值作乘以 2 处理?

实验三　冒泡排序

一、实验目的

熟悉使用 MCS51 指令，掌握汇编语言的设计和调试方法，了解如何使用高效方法对数据排序。

二、实验内容

编写并调试一个排序程序，要求使用冒泡法将一组数据从小到大重新排列。

三、程序框图

程序框图如图 2.3 所示。

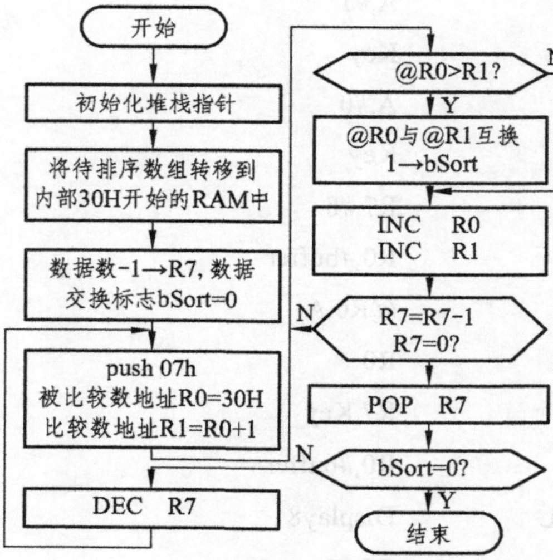

图 2.3　程序框图

四、实验步骤

使用断点方式调试程序，检查内部 RAM 30H ~ 3FH 中数据是否按从小到大的顺序排列。

五、程序清单

```
bSort       BIT         F0
            ORG         0000H
```

```
        LJMP    STAR
        ORG     0100H
STAR:   MOV     SP,#60H         ;堆栈
        MOV     R0,#30H         ;存放待排序数据的首地址
        MOV     R7,#16          ;数据个数
        MOV     DPTR,#TAB_1
STAR1:  CLR     A
        MOVC    A,@A+DPTR
        MOV     @R0,A           ;将数据移入内部 RAM 中
        INC     R0
        INC     DPTR
        DJNZ    R7,STAR1
        MOV     R7,#16-1        ;存放比较次数
STAR2:  PUSH    07H
        MOV     R0,#30H         ;存放起始地址
        CLR     bSort
        MOV     R1,00H
        INC     R1
        MOV     A,@R0
STAR3:  MOV     B,A
        MOV     A,@R1
        CJNE    A,B,$+3
        JNC     STAR5
        XCH     A,@R0
        MOV     @R1,A
        SETB    bSort
STAR5:  INC     R0
        INC     R1
        DJNZ    R7,STAR3
        POP     07H
        JNB     bSort,Exit
        DEC     R7
        SJMP    STAR2
```

```
Exit:       SJMP    $
TAB_1:      DB 0H,5H,6H,3H,8H,92H,04H,57H,46H,
            DB 01H,0FFH,0A0H,45H,99H,55H,66H
            END
```

六、思考题

你还知道哪些排序方法？请另外编写一个排序子程序。

实验四　电子钟（定时器、中断综合实验）

一、实验目的

熟悉 MCS51 类 CPU 的定时器、中断系统编程方法，了解定时器的应用、实时程序的设计和调试技巧。

二、实验内容

编写一个时钟程序，使用定时器产生一个 50 ms 的定时中断，对定时中断计数，将时、分、秒显示在数码管上。

三、程序框图

程序框图如图 2.4 所示。

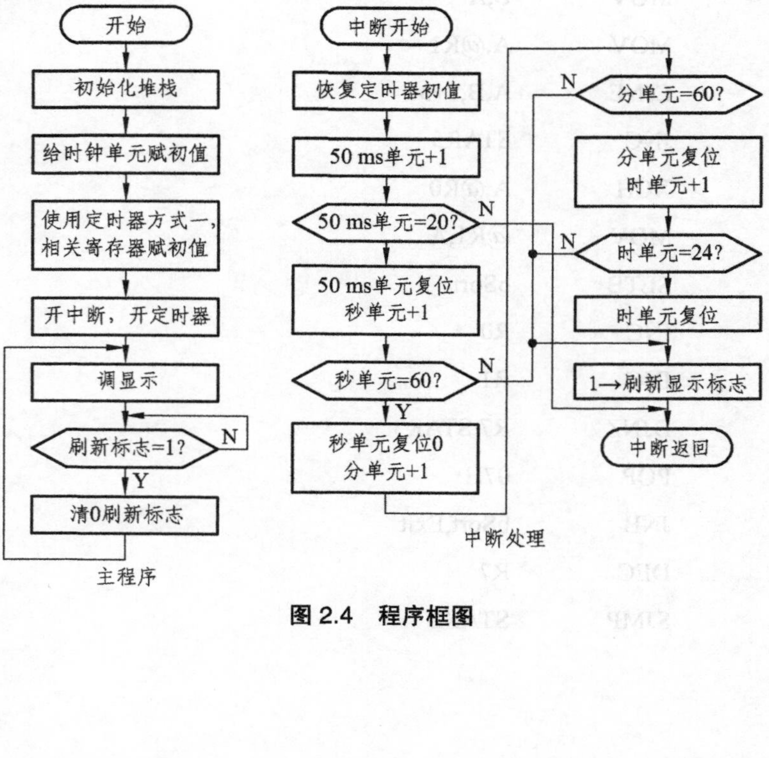

图 2.4　程序框图

四、实验步骤

（1）连线说明（见表 2.2）：

表 2.2 连线说明

连线端	连接到	连线端
D3 区 ：SDA、SCL	——	A3 区：P3.0、P3.1
D3 区 ：A、B、C、D	——	F4 区：A、B、C、D

（2）时间显示在数码管上。

五、程序清单

```
ms50        DATA        31H             ;存放多少个 50 ms
sec         DATA        32H             ;秒
min         DATA        33H             ;分
hour        DATA        34H             ;时
buffer      DATA        35H             ;显示缓冲区
EXTRN       CODE(Display8)
            ORG         0000H
            LJMP        STAR
            ORG         000BH           ;定时器 T0 中断处理入口地址
            LJMP        INT_Timer0
            ORG         0100H
STAR:       MOV         SP,#60H         ;堆栈
            MOV         ms50,A          ;清零 50 ms
            MOV         hour,#12        ;设定初值:  12:59:50
            MOV         min,#59
            MOV         sec,#50
            MOV         TH0,#60         ;定时中断计数器初值
            MOV         TL0,#176        ;定时 50 ms
            MOV         TMOD,#1         ;定时器 0：方式一
            MOV         IE,#82H         ;允许定时器 0 中断
            SETB        TR0             ;开定时器 T0
STAR1:      LCALL       Display         ;调用显示
            JNB         F0,$
            CLR         F0
```

```
            SJMP    STAR1               ;需要重新显示时间
;中断服务程序
INT_Timer0: MOV     TL0,#176-5
            MOV     TH0,#60
            PUSH    01H
            MOV     R1,#ms50
            INC     @R1                 ;50 ms 单元加 1
            CJNE    @R1,#20,ExitInt
            MOV     @R1,#0              ;恢复初值
            INC     R1
            INC     @R1                 ;秒加 1
            CJNE    @R1,#60,ExitInt1
            MOV     @R1,#0
            INC     R1
            INC     @R1                 ;分加 1
            CJNE    @R1,#60,ExitInt1
            MOV     @R1,#0
            INC     R1
            INC     @R1                 ;时加 1
            CJNE    @R1,#24,ExitInt1
            MOV     @R1,#0
ExitInt1:   SETB    F0
ExitInt:    POP     01H
            RETI
HexToBCD:   MOV     B,#10
            DIV     AB
            MOV     @R0,B
            INC     R0
            MOV     @R0,A
            INC     R0
            RET
Display:    MOV     R0,#buffer
            MOV     A,sec
            ACALL   HexToBCD
            MOV     @R0,#10H            ;第三位不显示
            INC     R0
```

```
        MOV     A,min
        ACALL   HexToBCD
        MOV     @R0,#10H        ;第六位不显示
        INC     R0
        MOV     A,hour
        ACALL   HexToBCD
        MOV     R0,#buffer
        LCALL   Display8
        RET
        END
```

六、思考题

（1）电子钟运行时精度与哪些有关系？中断程序中给 TL0 赋值为什么与初始化程序中不一样？

（2）请使用定时器方式二，重新编写程序。

第三章 硬件实验

本章将结合实验仪的单元模块电路进行实验，由浅入深，从最基础的实验开始，使读者学会使用当今流行的各种单片机外围电路，开发有一定深度的单片机项目。

实验一 跑马灯实验

一、实验目的与要求

（1）熟悉星研集成环境软件或熟悉 Keil C51 集成环境软件的使用方法。

（2）熟悉 MCS51 汇编指令，能自己编写简单的程序，控制硬件。

二、实验设备

SUN 系列实验仪一套、PC 机一台。

三、实验内容

（1）熟悉星研集成环境软件或熟悉 Keil C51 集成环境软件的安装和使用方法。

（2）按照接线图编写程序：使用 P1 口控制 F5 区的 8 个指示灯，循环点亮，但瞬间只有一个灯亮。

（3）观察实验结果，验证程序是否正确。

四、实验原理图

实验原理如图 3.1 所示。

五、实验步骤

（1）连线说明（见表 3.1）：

表 3.1 连线说明

连线端	连接到	连线端
A3 区：JP51	——	F5 区：JP65

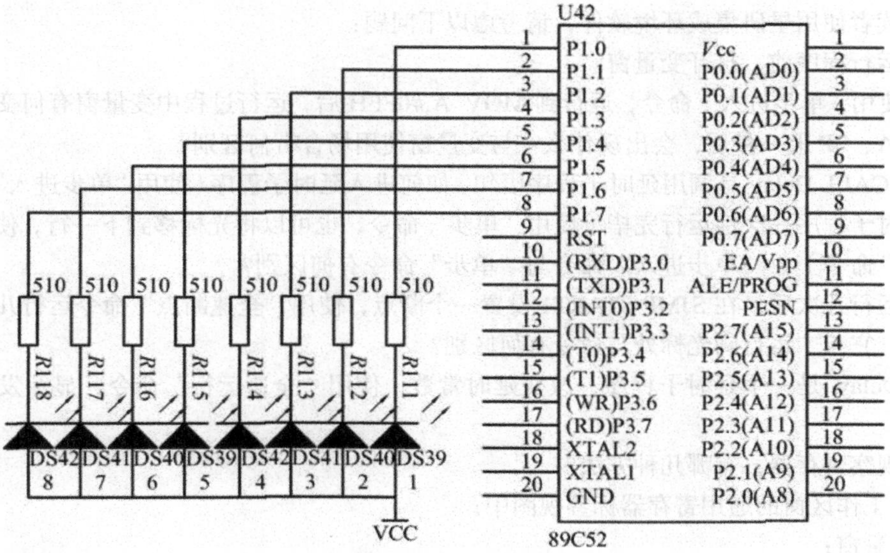

图 3.1　实验原理图

（2）编写程序或运行参考程序。

（3）实验结果：通过 F5 区的 LED 指示灯（8 个指示灯轮流点亮），观察实验的输出结果是否正确。

六、实验程序

```
        ORG     0000H
        LJMP    START
        ORG     0100H
START:  MOV     SP,#60H
        MOV     A,#0FFH
        CLR     C
START1: RLC     A
        MOV     P1,A
        ACALL   Delay
        SJMP    START1
Delay:  MOV     R5,#2       ;延时
Delay1: MOV     R6,#0
Delay2: MOV     R7,#0
        DJNZ    R7,$
        DJNZ    R6,Delay2
        DJNZ    R5,Delay1
        RET
        END
```

如果读者使用星研集成环境软件，请考虑以下问题：

（1）运行程序前，打开变量窗。

（2）使用“单步进入”命令，运行到 MOV A,#0FFH 后，运行过程中变量窗有何变化？将鼠标停留在 A、SP 上一秒后，会出现什么？与变量窗使用场合有何区别？

（3）ACALL Delay 是调用延时子程序语句，如何进入延时子程序（使用“单步进入”命令）？如何将延时子程序一次性运行完毕（使用“单步”命令，也可以将光标移到下一行，使用“运行到光标处”命令）？“单步进入”命令与“单步”命令有何区别？

（4）运行几次后，在 SJMP START1 设置一个断点，使用“全速断点”命令运行几次，观察运行结果，它与“运行到光标处”命令有何区别？

（5）Delay 是一个延时子程序，改变延时常数，使用“全速运行”命令，显示发生了什么变化？

（6）观察寄存器，有哪几种方法？

① 在工作区窗的通用寄存器标签视图中；

② 变量窗；

③ 鼠标停留在寄存器上；

④ 观察窗；

⑤ 寄存器窗。

实验二　74HC138 译码器实验

一、实验目的

（1）掌握 74HC138 译码器的工作原理，熟悉 74HC138 译码器的具体运用链接方法，了解 74HC138 是如何译码的。

（2）认真预习本节实验内容，尝试自行编写程序，填写实验报告。

二、实验设备

SUN 系列实验仪一套、PC 机一台。

三、实验内容

（1）编写程序：使用单片机的 P1.0、P1.1、P1.2 控制 74HC138 的数据输入端，通过译码产生 8 选 1 个选通信号，轮流点亮 8 个 LED 指示灯。

（2）运行程序，验证译码的正确性。

四、实验原理图

实验原理如图 3.2 所示。

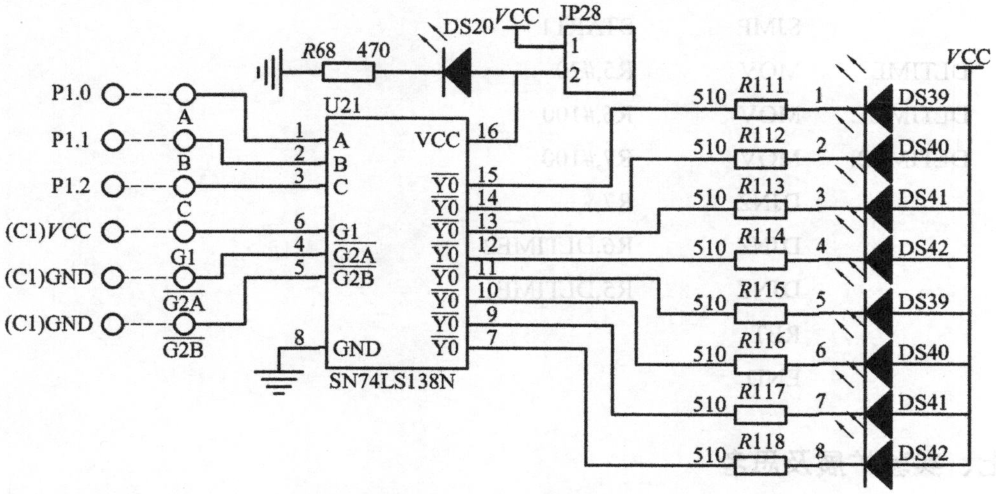

图 3.2　实验原理图

五、实验步骤

（1）连线说明（见表 3.2）：

表 3.2　连线说明

连线端	连线到	连线端
G2 区：A、B、C	——	A3 区：P1.0、P1.1、P1.2
G2 区：G1、G2A、G2B	——	C1 区：VCC、GND、GND
G2 区：JP35	——	F5 区：JP65（LED 指示灯）

（2）调试程序，查看运行结果是否正确。

六、实验程序

138 译码器实验（跑马灯），P1.0--A, P1.1---B, P1.2--C, /G2B--GND, /G2A--GND

```
        ORG     0000H
        LJMP    START
        ORG     0100H
START:  MOV     SP,#60H
        CLR     A               ;初值，第一次 0 位 LED 亮
START1: MOV     P1,A
        ACALL   DLTIME
        INC     A
        CLR     ACC.3           ;A 的值为 0 ~ 7
```

```
            SJMP    START1
DLTIME:     MOV     R5,#20
DLTIME1:    MOV     R6,#100
DLTIME2:    MOV     R7,#100
            DJNZ    R7,$
            DJNZ    R6,DLTIME2
            DJNZ    R5,DLTIME1
            RET
            END
```

七、实验扩展及思考

在单片机系统中，74HC138 通常用来产生片选信号，应如何处理？

实验三　PWM 电压转换实验

一、实验目的

（1）了解 PWM 电压转换原理。
（2）掌握单片机控制的 PWM 电压转换。

二、实验设备

SUN 系列实验仪一套、PC 机一台。

三、实验内容

（1）PWM 电压转换原理。
① 将一定频率的输入信号转换为直流电；
② 通过调节输入信号占空比调节输出的直流电电压，输出电压随着占空比增大而减小。
（2）实验过程。
① 输入 15 kHz 左右的方波，经 LM358 进行 PWM 电压转换，输出直流电，驱动直流电机；
② 通过按键调整占空比来改变 PWM 输出电压，直流电机的转速会随之变化。

四、实验原理图

实验原理如图 3.3 所示。

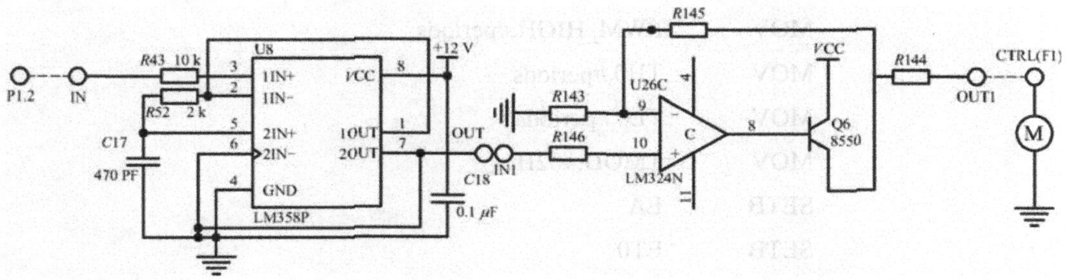

图 3.3　实验原理图

五、实验步骤

（1）连线说明（见表 3.3）：

表 3.3　连线说明

连线端	连线到	连线端
E2 区：IN	——	A3 区：P1.2，方波输入
E2 区：OUT	——	E2 区：IN1
E2 区：OUT1	——	E1 区：CTRL，直流电机电源输入
A3 区：JP51	——	F5 区：JP74

（2）通过 F5 区的 1、2 键调整占空比来改变 PWM 输出电压，直流电机的转速会随之变化：1 号键减少占空比；2 号键增加占空比。

六、实验程序

```
IN          BIT     P1.2            ;PWM 方波输入
PWM_LOW     DATA    30H             ;低电平时间
PWM_HIGH    DATA    31H             ;高电平时间,控制频率在 15 kHz 左右
periods     EQU     0E0H            ;周期 64 μs

            ORG     0000H
            LJMP    START

            ORG     000BH
            LJMP    iTIMER0
            ORG     0100H
START:      MOV     SP,#60H
            MOV     PWM_LOW,#periods
```

```
                MOV     PWM_HIGH,#periods
                MOV     TH0,#periods
                MOV     TL0,#periods
                MOV     TMOD,#02H
                SETB    EA
                SETB    ET0
                SETB    TR0
START1:         ACALL   ScanKey
                JNZ     Key1
Key0:           MOV     A,PWM_HIGH              ；增加占空比
                CJNE    A,#0FBH,Key0_1
                SJMP    START1   ;大于这个值，对定时中断来说已反应不过来
Key0_1:         INC     PWM_HIGH
                DEC     PWM_LOW
                SJMP    START1
Key1:           MOV     A,PWM_LOW               ;减少占空比
                CJNE    A,#0FBH,Key1_1
                SJMP    START1   ;大于这个值，对定时中断来说已反应不过来
Key1_1:         INC     PWM_LOW
                DEC     PWM_HIGH
                SJMP    START1
iTIMER0:        JBC     IN,iTIMER0_1
                MOV     TL0,PWM_HIGH
                SETB    IN
                RETI
iTIMER0_1:      MOV     TL0,PWM_LOW
                NOP
                RETI
ScanKey:        JNB     P1.0, ScanKey1          ;键扫描
                JB      P1.1, ScanKey
ScanKey1:       ACALL   Delay20ms               ;消抖动
                ACALL   Delay20ms
                JNB     P1.0, ScanKey2
                JB      P1.1, ScanKey
                MOV     A,#1
                SJMP    ScanKey3
```

```
ScanKey2:    CLR     A
ScanKey3:    JNB     P1.0,$
             JNB     P1.1,$
             RET
Delay20ms:   MOV     R6,#10
Delay1:      MOV     R7,#100
             DJNZ    R7,$
             DJNZ    R6,Delay1
             RET

             END
```

七、实验扩展及思考

改变 PWM 的输入频率，使用示波器观看 LM358 的输出，由此加深对 PWM 电压转换的了解。

实验四　8255 控制交通灯实验

一、实验目的

（1）了解 8255 芯片的工作原理，熟悉其初始化编程方法以及输入、输出程序设计技巧。学会使用 8255 并行接口芯片实现各种控制功能，如本实验（控制交通灯）等。

（2）熟悉 8255 内部结构和与单片机的接口逻辑，熟悉 8255 芯片的 3 种工作方式以及控制字格式。

二、实验设备

SUN 系列实验仪一套、PC 机一台。

三、实验内容

（1）编写程序：使用 8255 的 PA 口控制 LED 指示灯，实现交通灯功能。
（2）链接线路验证 8255 的功能，熟悉其使用方法。

四、实验原理图

实验原理如图 3.4 所示。

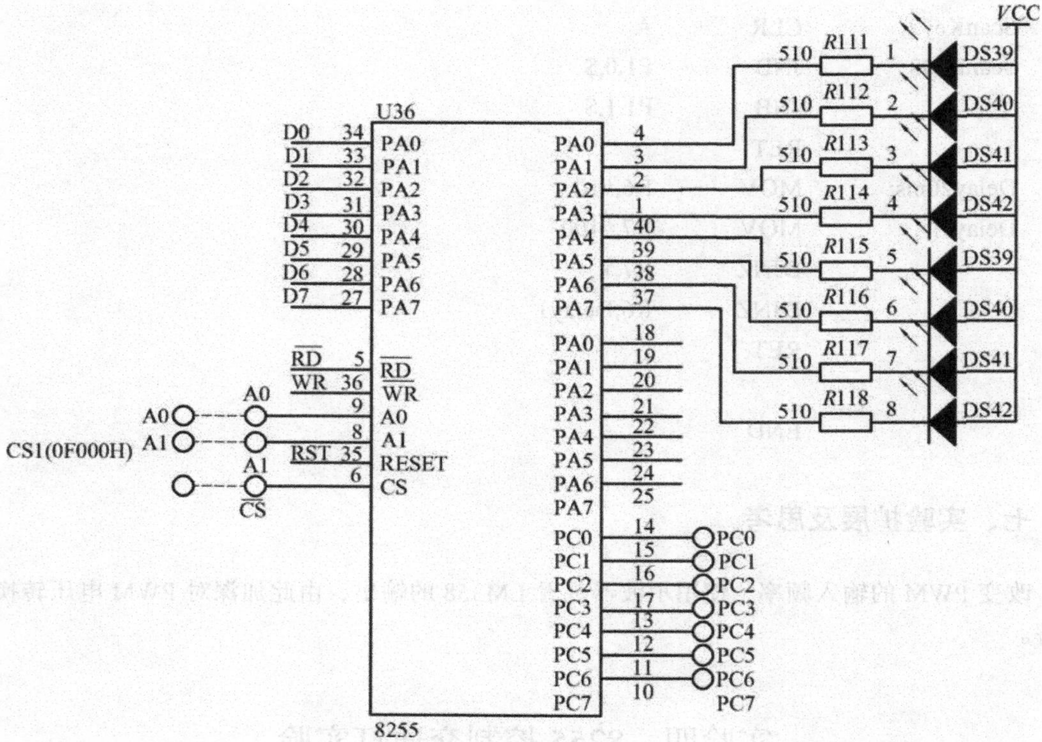

图 3.4　实验原理图

五、实验步骤

（1）连线说明（见表 3.4）：

表 3.4　连线说明

连线端	连接到	连线端
B6 区：CS、A0、A1	——	A3 区：CS1、A0、A1
B6 区：JP56（PA 口）	——	F5 区：JP65

（2）观察实验结果，是否能看到模拟的交通灯控制过程。

六、实验程序

```
COM_ADD     XDATA    0F003H
PA_ADD      XDATA    0F000H
PB_ADD      XDATA    0F001H
PC_ADD      XDATA    0F002H
            ORG      0000H
            LJMP     STAR
```

```
         ORG      0100H
STAR:    MOV      SP,#60H
         MOV      DPTR,#COM_ADD
         MOV      A,#80H             ;PA、PB、PC 为基本输出模式
         MOVX     @DPTR,A
         MOV      DPTR,#PA_ADD       ;灯全熄灭
         MOV      A,#0FFH
         MOVX     @DPTR,A
START1:  MOV      A,#37H
         MOVC     A,@A+PC
         MOVX     @DPTR,A            ;东西绿灯，南北红灯
         ACALL    DL5S
         MOV      R4,#6
START2:  MOV      A,#30H
         MOVC     A,@A+PC
         MOVX     @DPTR,A            ;东西绿灯闪烁，南北红灯
         ACALL    DL500ms
         MOV      A,#29H
         MOVC     A,@A+PC
         MOVX     @DPTR,A
         ACALL    DL500ms
         DJNZ     R4,START2
         MOV      A,#23H             ;东西黄灯亮，南北红灯
         MOVC     A,@A+PC
         MOVX     @DPTR,A
         ACALL    DL3S
         MOV      A,#1EH             ;东西红灯，南北绿灯
         MOVC     A,@A+PC
         MOVX     @DPTR,A
         ACALL    DL5S
         MOV      R4,#6
START3:  MOV      A,#17H             ;东西红灯，南北绿灯闪烁
         MOVC     A,@A+PC
         MOVX     @DPTR,A
         ACALL    DL500ms
         MOV      A,#10H
         MOVC     A,@A+PC
         MOVX     @DPTR,A
         ACALL    DL500ms
```

```
            DJNZ    R4,START3
            MOV     A,#0AH          ;东西红灯，南北黄灯亮
            MOVC    A,@A+PC
            MOVX    @DPTR,A
            ACALL   DL3S
            SJMP    START1
            DB      01111110B       ;东西绿灯，南北红灯
            DB      11111110B       ;东西绿灯闪烁，南北红灯
            DB      10111110B       ;东西黄灯亮，南北红灯
            DB      11011011B       ;东西红灯，南北绿灯
            DB      11011111B       ;东西红灯，南北绿灯闪烁
            DB      11011101B       ;东西红灯，南北黄灯亮
DL500ms:    MOV     R5,#25
DL500ms1:   MOV     R6,#100
DL500ms2:   MOV     R7,#100
            DJNZ    R7,$
            DJNZ    R6,DL500ms2
            DJNZ    R5,DL500ms1
            RET
DL3S:       MOV     R4,#6
DL3S1:      LCALL   DL500ms
            DJNZ    R4,DL5S1
            RET
DL5S:       MOV     R4,#10
DL5S1:      LCALL   DL500ms
            DJNZ    R4,DL5S1
            RET
            END
```

七、实验扩展及思考

如何对 8255 的 PC 口进行位操作？

实验五　键盘数码管实验

一、实验目的

（1）进一步掌握 8255 的设计、编程方法；

（2）掌握矩阵键盘的扫描方法；

（3）掌握动态扫描数码管的方法。

二、实验设备

SUN 系列实验仪一套、PC 机一台。

三、实验内容

（1）编写程序：扫描键盘，如有按键，键号显示于数码管。

（2）连接线路，验证 8255 的功能，熟悉其使用方法。

四、实验原理图

实验原理如图 3.5 所示。

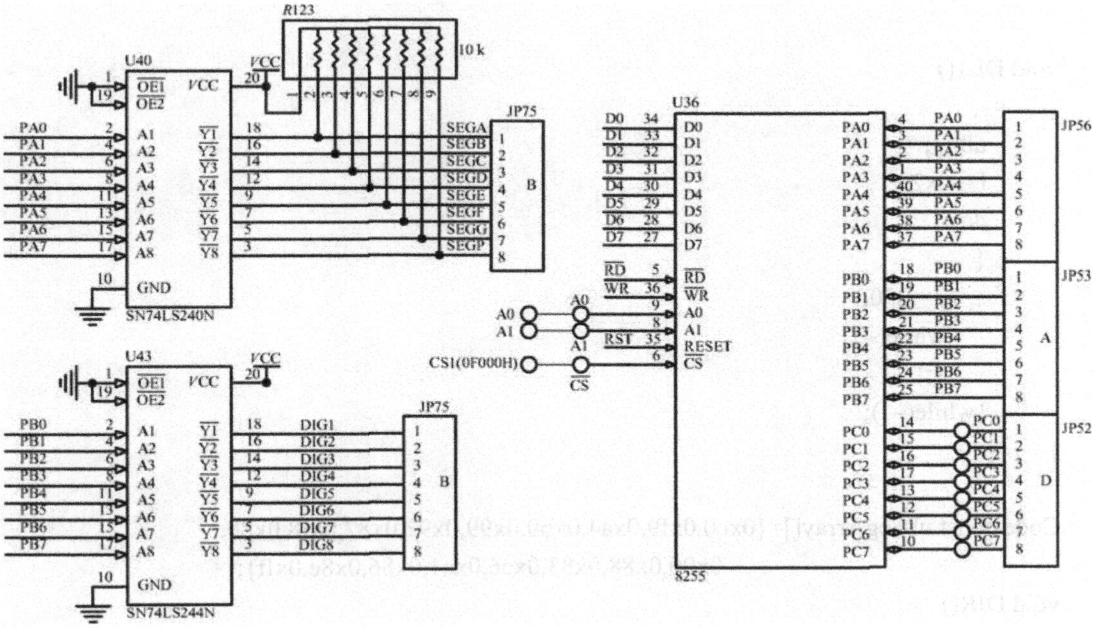

图 3.5　实验原理图

五、实验步骤

（1）连线说明（见表 3.5）：

表 3.5　实验步骤

连线端	连接到	连线端
B6 区：CS、A0、A1	——	A3 区：CS1、A0、A1
B6 区：JP52(PB 口)、JP75(B)、JP79(C)、JP52(PC 口)	——	F4 区：A、B、C、D

（2）运行程序，观察实验结果（任意按下 F4 区 4×4 键盘几个键，它上面的 8 个 LED 显示器会将按键的编码从左至右依次显示出来），可依此验证对程序的正确性。

六、实验程序

```
#define u8    unsigned char
xdata u8 COM_8255 _at_ 0xF003;
xdata u8 PA_8255 _at_ 0xF000;
xdata u8 PB_8255 _at_ 0xF001;
xdata u8 PC_8255 _at_ 0xF002;

u8 buffer[8];                                   //8 个字节显示缓冲区

void DL1()
{
    u8 i,j;
    i = 0x2;
    do
    {
        j = 250;
        while(--j)
        {;}
    }while(--i);
}

Code const u8SegArray[]={0xc0,0xf9,0xa4,0xb0,0x99,0x92,0x82,0xf8,0x80,
                         0x90,0x88,0x83,0xc6,0xa1,0x86,0x8e,0xff};
void DIR()
{
    u8 i = 0xfe;
    u8* pBuffer = buffer;
    while(i != 0xff)
    {
        PA_8255 = SegArray[*pBuffer++];        //段数据→8255 PA 口
        PB_8255 = i;                           //扫描模式→8255 PB 口
```

```
            DL1();                                    //延迟 1ms
            i = ((i << 1) | 0x1);
            PB_8255 = 0xff;
        }
}

u8 AllKey()
{
        PB_8255 = 0x0;                                //全"0"→扫描口
        return ~PC_8255   & 0x3;                      //读键状态，取低二位
}

u8 keyi()
{
        u8 i,j;
        while (1)
        {
            if (AllKey() == 0)                        //调用判有无闭合键子程序
            {
                DIR();
                DIR();                                //调用显示子程序，延迟 6 ms
                continue;
            }
            DIR();
            DIR();
            if (AllKey() == 0)                        //调用判有无闭合键子程序
            {
                DIR();
                continue;
            }
            i = 0xfe;
            j = 0;
            while(i != 0xff)
            {
                PB_8255 = i;
                if ((PC_8255 & 0x1) == 0)
                {                                         //0 行有键闭合
                    break;
                }
                else if ((PC_8255 & 0x2) == 0)
                {                                         //1 行有键闭合
```

```
                    j += 8;
                    break;
                }
                j++;                                    //列计数器加 1
                i = ((i<<1) | 1);
            }
            if (i == 0xff)                              //完成一次扫描，没有键按下
                continue;
            do
            {
                DIR();
            }while(AllKey() != 0);                  //判断释放否
            return j;                               //键号
        }
}

void main()
{
        u8 i;
        COM_8255 = 0x89;                            //PA、PB 输出，PC 输入
        for (i = 0; i < 8; i++)
            buffer[i] = 0x10;                       //0x10-消隐
        DIR();
        while(1)
        {
            for (i = 0; i < 8; i++)
                buffer[i] = keyi();
        }
}
```

七、实验扩展及思考

显示程序中延时函数起什么作用？如何调节数码管亮度？

实验六　数模转换 DAC0832 实验

一、实验目的

（1）了解数模转换的原理；了解 DAC0832 与单片机的接口逻辑；
（2）掌握使用 DAC0832 进行数模转换。

二、实验设备

SUN 系列实验仪一套、PC 机一台、示波器一台。

三、实验内容

（1）编写程序，用 0832 输出正弦波；

（2）按图连线，运行程序，使用示波器观察实验结果。

四、实验原理图

实验原理如图 3.6 所示。

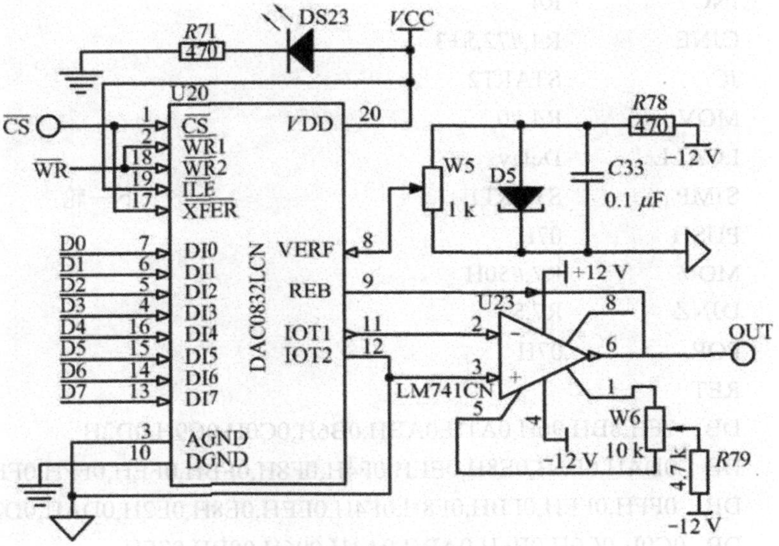

图 3.6　实验原理图

五、实验步骤

（1）连线说明（见表 3.6）：

表 3.6　连线说明

连线端	连接到	连线端
B3 区：CS	——	A3 区：CS1

（2）运行程序，示波器的探头接 B3 区的 OUT，观察实验结果，是否产生正弦波。

六、实验程序

```
;用 0832 输出正弦波
Addr_0832   XDATA      0FF00H                    ;0832 输出口地址
            ORG        0000H
```

```
          LJMP    START
          ORG     0100H
START:    MOV     SP,#60H
          MOV     DPTR,#TAB_1
          MOV     P2,#HIGH(Addr_0832)          ;0832 数据写入口地址
          MOV     R0,#LOW(Addr_0832)
          MOV     R4,#00H
START1:   MOV     A,R4
          MOVC    A,@A+DPTR
          MOVX    @R0,A                        ;DA 转换输出一次
          INC     R4
          CJNE    R4,#72,$+3
          JC      START2
          MOV     R4,#0
START2:   LCALL   Delay
          SJMP    START1                       ;下一轮
Delay:    PUSH    07H
          MOV     R7,#50H
          DJNZ    R7,$
          POP     07H
          RET
TAB_1:    DB  7FH,8BH,96H,0A1H,0ABH,0B6H,0C0H,0C9H,0D2H
          DB  0DAH,0E2H,0E8H,0EEH,0F4H,0F8H,0FBH,0FEH,0FFH,0FFH
          DB  0FFH,0FEH,0FBH,0F8H,0F4H,0EEH,0E8H,0E2H,0DAH,0D2H
          DB  0C9H,0C0H,0B6H,0ABH,0A1H,096H,08BH,07FH
          DB  74H,69H,5EH,54H,49H,40H,36H,2DH,25H,1DH,17H,11H,0BH,7,4,2,0,0
          DB  0,2,4,7,0BH,11H,17H,1DH,25H,2DH,36H,40H,49H,54H,5EH,69H,74H
          END
```

七、实验扩展及思考

如何产生三角波，方法。

实验七　模数转换 ADC0809 实验

一、实验目的

（1）了解几种类型 AD 转换的原理；掌握使用 ADC0809 进行模数转换；

（2）认真预习实验内容，做好准备工作，完成实验报告。

二、实验设备

SUN 系列实验仪一套、PC 机一台、万用表一个。

三、实验内容

编写程序：制作一个电压表，测量 0～5 V，结果显示于数码管上。

四、实验原理图

实验原理如图 3.7 所示。

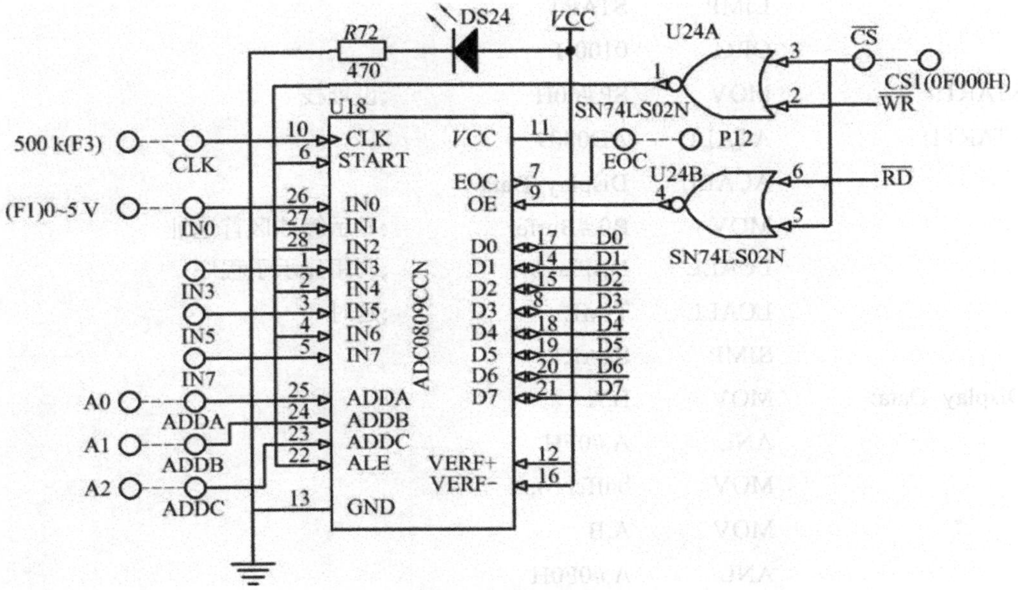

图 3.7　实验原理

五、实验步骤

（1）连线说明（见表 3.7）：

表 3.7　连线说明

连线端	连接到	连线端
B4 区：CS、ADDA、ADDB、ADDC	——	A3 区：CS1、A0、A1、A2（选择通道）
B4 区：EOC（转换结束标志）	——	A3 区：P1.2
B4 区：CLK	——	F3 区：500 k
B4 区：IN0	——	F1 区：0～5 V
D3 区 ：SDA、SCL	——	A3 区：P3.0、P3.1
D3 区 ：A、B、C、D	——	F4 区：A、B、C、D

（2）调节 0 ~ 5 V 电位器（F1 区）输出电压，显示在 LED 上，第 4、5 位显示 16 进制数据，第 0、1、2 位显示十进制数据。用万用表验证 AD 转换的结果。

六、实验程序

```
EXTRN           CODE(Display8)
Addr_0809       XDATA    0F000H
buffer          DATA     30H              ;8 个字节的显示缓冲区
EOC_0809        BIT      P1.2
                ORG      0
                LJMP     START
                ORG      0100H
START:          MOV      SP,#60H          ;设堆栈
START1:         ACALL    AD0809
                ACALL    Display_Data
                MOV      R0,#Buffer       ;显示缓冲区首地址
                LCALL    DisPlay8         ;调用显示子程序
                LCALL    TIME             ;延时
                SJMP     START1
Display_Data:   MOV      B,A
                ANL      A,#0FH
                MOV      buffer+4,A
                MOV      A,B
                ANL      A,#0F0H
                SWAP     A
                MOV      buffer+5,A
                MOV      A,B
                MOV      B,#51            ;255/5 (16 进制的 1 = 1/51 V)
                DIV      AB
                ORL      A,#80H           ;加上小数点
                MOV      buffer+2,A
                ACALL    Display_Data_1
                MOV      buffer+1,A       ;第一位小数
                ACALL    Display_Data_1
                MOV      buffer,A         ;第二位小数
                MOV      buffer+3,#10H
```

```
                MOV     buffer+6,#10H
                MOV     buffer+7,#10H       ;消隐
                RET
Display_Data_1: MOV     A,#10
                MUL     AB
                ADD     A,B
                JNC     Display_Data_11
                INC     A
                INC     B
Display_Data_11: MOV    R7,A
                MOV     A,B
                RL      A
                RL      A
                ADD     A,B
                XCH     A,R7
                MOV     B,#51
                DIV     AB
                ADD     A,R7
                RET
AD0809:         MOV     A,#0
                MOV     DPTR,#Addr_0809
                MOVX    @DPTR,A             ;启动 AD 转换
                JNB     EOC_0809,$          ;是否转换完成
                MOVX    A,@DPTR             ;读转换结果
                RET
TIME:           PUSH    06H
                PUSH    07H
                MOV     R6,#200
TIME1S1:        MOV     R7,#200
                DJNZ    R7,$
                DJNZ    R6,TIME1S1
                POP     07H
                POP     06H
                RET
                END
```

七、实验扩展及思考

如何实现多路模拟量的数据采集、显示？

实验八　红外通信实验

一、实验目的

（1）理解红外通讯原理；
（2）掌握红外通讯。

二、实验设备

SUN 系列实验仪一套、PC 机一台。

三、实验内容

1. 红外通讯原理

当红外接收器收到 38 kHz 频率的信号，输出电平会由 1 变为 0，一旦没有此频率信号，输出电平会由 0 变为 1。因此，红外发射头控制通断发射 38 kHz 信号，就可以将数据发送出来。

2. 实验过程

（1）使用红外发送管和接收器进行数据自发自收；
（2）根据接收到的数据点亮 P1 口的 8 个发光管，会看到发光管不断变化。

四、实验原理图

实验原理如图 3.8 所示。

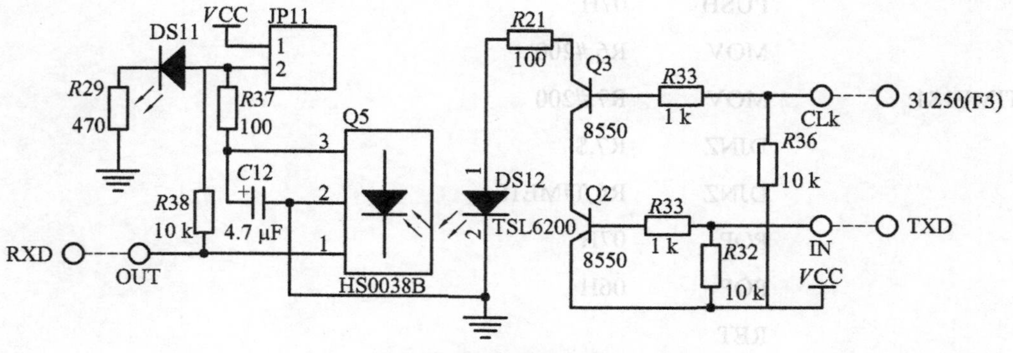

图 3.8　实验原理图

五、实验步骤

（1）连线说明（见表 3.8）：

表 3.8 连线说明

连线端	连接到	连线端
F2 区：IN	——	A3 区：TxD
F2 区：OUT	——	A3 区：RXD
F2 区：CLK	——	F3 区：31250
A3 区：JP51（P1）	——	F5 区：JP65

（2）调试该程序时，因为发送管、接收头靠得很近，不用较厚的白纸挡住红外发射管红外信号，就可以反射到接收头。

说明：一般红外接收模块的解调频率为 38 kHz，当它接收到 38 kHz 左右的红外信号时将输出低电平，但连续输出低电平的时间是有限制的（如：100 ms），也就是说输出低电平的宽度是有限制的。

（3）发送数据并接收，根据接收到的数据点亮 8 个发光管，程序运行之后，会看到 8 个发光管（F5 区）在闪烁，从第 8 个（最右边）向第 1 个逐一点亮过去。本实验通过红外通讯发送、接收数据，发送的数据从 00H 开始+1，接收到该数据后用来点亮 8 个发光管（亮表示为 1，熄表示为 0）。

六、实验程序

```
;初始化
MAIN_CODE       SEGMENT
STACK           SEGMENT     IDATA
RSEG            STACK
                DS          20H             ; 32 Bytes Stack
CSEG            AT          0000H           ;定位 0
                LJMP        START
RSEG            MAIN_CODE                   ;开始程序段
START:          MOV         SP,#STACK-1
                LCALL       Infrared_INIT   ;红外通讯初始化
MAIN:           LCALL       Infrared_Test   ;调用自收自发红外通讯子程序
                LCALL       DelayTime       ;延时
                JMP         MAIN            ;循环进行红外通讯
; 红外通讯初始化
Infrared_INIT:  MOV         P1,#0FFH        ;令发光管灭
                MOV         B,#1            ;初始发送数据
                MOV         TMOD,#20H       ;定时器 1 工作方式 2
                MOV         TH1,#0F4H       ;设波特率为 2 400
                MOV         TL1,#0F4H
```

```
                SETB        TR1                 ;选通定时器 1，定时器开始工作
                MOV         SCON,#50H           ;串口工作方式 1，允许接收
                RET
;红外通讯
Infrared_Test:  MOV         A,B
                LCALL       Send_Receive        ;红外通讯
                LCALL       Light               ;根据收接到的数据点亮 8 个红色发光管
                INC         B                   ;发送数据逐步递增
                RET
;红外通讯数据自收自发子程序
Send_Receive:   MOV         R7,#60              ;检测接收标志最大次数
                CLR         TI
                MOV         SBUF,A
Send_Receive_1: JNB         RI,Send_Receive_2   ;每隔 0.1 ms 检测一次接收标志
                MOV         A,SBUF
                CLR         RI
                RET
Send_Receive_2: LCALL       Delay_01ms
                DJNZ        R7,Send_Receive_1
                CLR         A
                RET
;点亮 8 个发光管
Light:          CPL         A                   ;0 表示为亮，1 表示为灭
                MOV         P1,A
                RET
;延时 0.1s
Delay_01ms:     PUSH        07H
                MOV         R7,#50
                DJNZ        R7,$
                POP         07H
                RET
;延时程序
DelayTime:      PUSH        05H                 ;延时 0.5 s
                PUSH        06H
                PUSH        07H
                MOV         R5,#5
DelayTime_1:    MOV         R6,#99
DelayTime_2:    MOV         R7,#100
                DJNZ        R7,$
```

```
DJNZ        R6,DelayTime_2
DJNZ        R5,DelayTime_1
POP         07H
POP         06H
POP         05H
RET
END
```

七、实验扩展及思考

结合按键模拟 4 路红外遥控器，遥控发光管或电机转动快慢。

实验九　串行 AD 实验

一、实验目的

熟悉串行 A/D TLC549 转换工作原理，学会使用 TLC549 进行电压信号的采集和数据处理。

二、实验设备

SUN 系列实验仪一套、PC 机一台、万用表一个。

三、实验内容

编写程序：F1 区的电位器输出的电压值通过 TLC549 转化为数字计量。

四、实验原理图

实验原理如图 3.9 所示。

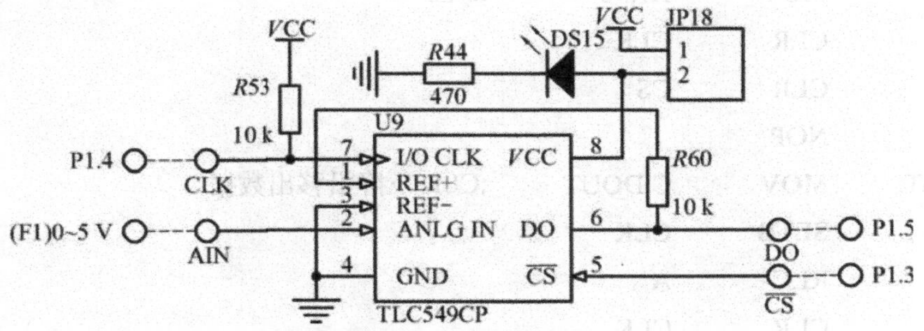

图 3.9　实验原理图

五、实验步骤

（1）连线说明（见表 3.9）：

表 3.9　连线说明

连线端	连接到	连线端
B2 区：CS、CLK、DO	——	A3 区：P1.3、P1.4、P1.5
B2 区：AIN	——	F1 区：0～5 V

（2）运行编写好的程序，调节电位器，使用万用表测量输入的模拟电压信号，分析 A/D 转换结果是否与它一致（至少测量三个数据：最小、中间、最大）。

六、实验程序

```
CS        BIT      P1.3
CLK       BIT      P1.4
DOUT      BIT      P1.5
          ORG      0000H
          LJMP     STAR
          ORG      0100H
STAR:     MOV      SP,#60H
          ACALL    A_D          ;通过空读一次 A/D 转换结果，启动 A/D 转换
STAR1:    MOV      A,#10H
          DJNZ     ACC,$
          ACALL    A_D          ;当前转换结果
          SJMP     STAR1
;AD 转换子程序，结果在 A 中
;读取 A/D 转换结果后,自动启动下次 A/D，TLC549 转换时间需要 17 μs
A_D:      CLR      A
          MOV      R7,#8        ;8 位
          CLR      CLK
          CLR      CS
          NOP
REPEAT:   MOV      C,DOUT       ;CLK 下降沿移出数据
          SETB     CLK
          RLC      A
          CLR      CLK
```

```
DJNZ    R7,REPEAT
SETB    CS          ;再次启动 A/D 转换
SETB    CLK
RET
END
```

实验十　串行 DA 实验

一、实验目的

熟悉串行 D/A TLC5615 转换的工作原理；学会使用 TLC5615 输出模拟电压信号。

二、实验设备

SUN 系列实验仪一套、PC 机一台、万用表一个。

三、实验内容

（1）编写程序：使用 TLC5615，输出几组有代表性的数据；

（2）使用万用表测量 TLC5615 输出的电压信号，观察与期望值是否一致（电压正确输出范围是（0 ~ 5 V）。

四、实验原理图

实验原理如图 3.10 所示。

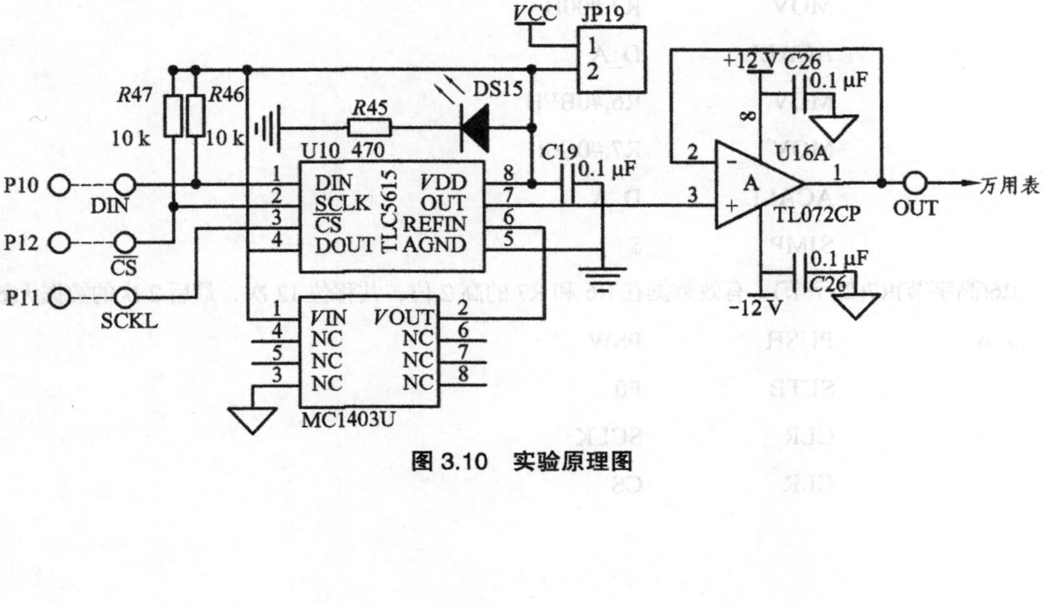

图 3.10　实验原理图

五、实验步骤

（1）连线说明（见表 3.10）：

表 3.10　连线说明

连线端	连接到	连线端
C2 区：CS、SCLK、DIN	——	A3 区：P1.2、P1.1、P1.0
C2 区：OUT	——	接万用表

（2）运行编写好的程序，使用万用表测量输出的模拟电压信号，分析 D/A 转换结果是否与期望值一致（至少输出三种模拟电压信号：最小、中间、最大）。

六、实验程序

```
DIN       BIT     P1.0        ;数据
SCLK      BIT     P1.1        ;时钟
CS        BIT     P1.2        ;片选
          ORG     0
          AJMP    START
          ORG     100H
START:    MOV     R6,#0FFH
          MOV     R7,#0FFH
          ACALL   D_A
          MOV     R6,#80H
          MOV     R7,#00H
          ACALL   D_A
          MOV     R6,#0BFH
          MOV     R7,#0C0H
          ACALL   D_A
          SJMP    $
;R6(高字节)R7(低字节)，有效数据在 R6 和 R7 的高 2 位，共移位 12 次，最后 2 次的数据无效
D_A:      PUSH    PSW
          SETB    F0
          CLR     SCLK
          CLR     CS
```

```
        MOV     A,R6
        MOV     R6,#8
DA_1:   RLC     A
        MOV     DIN,C
        SETB    SCLK
        CLR     SCLK
        DJNZ    R6,DA_1
        JNB     F0,DA_2
        CLR     F0
        MOV     R6,#4
        MOV     A,R7
        SJMP    DA_1
DA_2:   SETB    CS
        POP     PSW
        RET
        END
```

实验十一　RS485 收发实验

一、实验目的

掌握 RS485 串行通讯；初步了解远程控制方法。

二、实验设备

SUN 系列实验仪二套、PC 机二台。

三、实验内容

（1）主机通过 RS485 发出控制命令给从机；

（2）从机收到控制命令，检验命令的正确性，执行命令：点亮相应的发光管。

四、实验原理图

实验原理如图 3.11 所示。

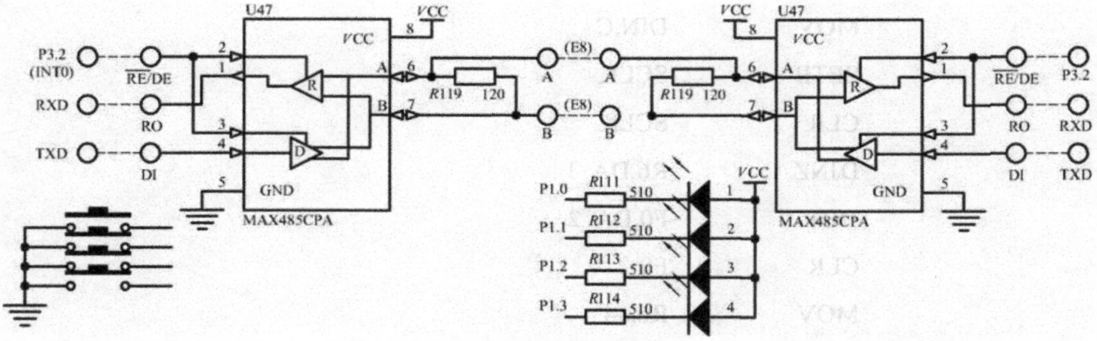

图 3.11　实验原理图

五、实验步骤

（1）主机连线说明（见表 3.11）：

表 3.11　主机连线

连线端	连接到	连线端
F7 区：RO、DI、RE/DE	——	A3 区：RXD、TXD、P3.2（INT0）
F5 区：JP74	——	A3 区：JP51（P1 口）
F7 区：A、B		从机：A、B

从机连线说明（见表 3.12）：

表 3.12　从机连线

连线端	连接到	连线端
F7 区：RO、DI、RE/DE	——	A3 区：RXD、TXD、P3.2（INT0）
F5 区：JP65	——	A3 区：JP51（P1 口）

（2）运行程序，按下不同的键，主机发出相应命令，发送两次。
（3）从机接收到两次发来的命令，比较两次命令是否一致，检验正误。
（4）命令正确，点亮相应发光管。

六、实验程序

1. 主机程序

```
K1          BIT         P1.0            ;按键 1
```

```
K2          BIT     P1.1            ;按键 2
K3          BIT     P1.2            ;按键 3
K4          BIT     P1.3            ;按键 4
DR          BIT     P3.2            ;485 发送/接收使能
;主程序初始化
RS485INIT:  MOV     TMOD,#20H       ;定时器选用工作模式 2
            MOV     TH1,#0FAH       ;设定波特率为 4 800
            MOV     TL1,#0FAH
            SETB    TR1             ;开始计时
            MOV     SCON,#50H       ;串口工作方式 1，允许接收
            RET
;485 发送数据，重复发送 A 中数据两次
RS485Send:  PUSH    ACC
            SETB    DR              ;发送使能
            CLR     TI
            MOV     SBUF,A          ;发送数据
            JNB     TI,$            ;等待发送结束标志
            LCALL   Delay           ;延时
            POP     ACC
            SETB    DR              ;发送使能
            CLR     TI
            MOV     SBUF,A          ;发送数据
            JNB     TI,$
            CLR     DR
            RET
```

2. 从机程序

```
;主程序初始化
RS485INIT:  MOV     TMOD,#20H       ;定时器选用工作模式 2
            MOV     TH1,#0FAH       ;设定波特率为 4 800
            MOV     TL1,#0FAH
            SETB    TR1             ;开始计时
            MOV     SCON,#50H       ;串口工作方式 1，开允许接收
            RET
;接收数据，A-接收数据
RS485Rece:  CLR     DR              ;接收使能
```

```
               JNB     RI,$                ;等待接收
               CLR     RI
               MOV     B,SBUF
               JNB     RI,$                ;等待接收
               CLR     RI
               MOV     A,SBUF
               CJNE    A,B,RS485Rece_1     ;接收发送方的两次数据，比较两数据，
               RET                         ;判断数据是否正确
RS485Rece_1:   MOV     A,#0                ;A=0,接收错误
               RET
```

七、实验扩展及思考

（1）RS485 通信如何实现既接收又发送的？

（2）在掌握 RS485 串行通讯和基本的远程控制方法的基础上，进行其他方面的远程控制：如远程控制电机转速、语音、温度测量、显示等，可以尽情发挥自己的想法。

实验十二　继电器控制实验

一、实验目的

掌握使用继电器控制外设的基本方法和编程。

二、实验设备

SUN 系列实验仪一套、PC 机一台。

三、实验内容

1. 预备知识

自动化控制设备中，存在一个电子与电气电路的互连问题。一方面，电子电路需要控制电气电路的执行元件，如：电动机、电磁铁、电灯等；另一方面又要为电子电路提供良好的电隔离，以保护电子电路和人身安全，减少干扰源。继电器就起这个桥梁作用。

2. 实验过程

使用 F5 区的拨动开关，通过继电器控制直流电机转动、停止。

四、实验原理图

实验原理如图 3.12 所示。

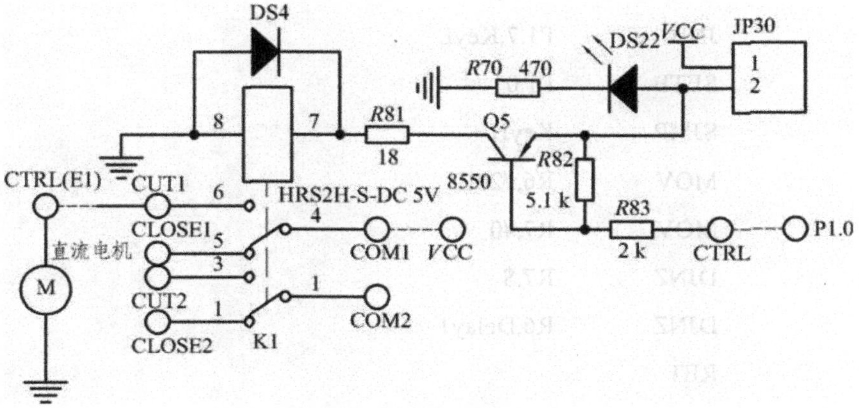

图 3.12　实验原理图

五、实验步骤

（1）主机连线说明（见表 3.13）：

表 3.13　主机连线

连线端	连接到	连线端
C4 区：Ctrl	——	A3 区：P1.0
C4 区：COM1	——	C1 区：VCC
C4 区：CUT1	——	E1 区：Ctrl
A3 区：P1.7	——	F5 区：K7

（2）运行程序，F5 区的 K7 拨动开关控制直流电机转动、停止。

六、实验程序

```
        ORG     0000H
        LJMP    START
        ORG     0100H
START:  MOV     SP,#60H
KeyH:   JB      P1.7,$
        CALL    Delay
        JB      P1.7,KeyH
```

```
        CLR     P1.0
KeyL:   JNB     P1.7,$
        CALL    Delay
        JNB     P1.7,KeyL
        SETB    P1.0
        SJMP    KeyH
Delay:  MOV     R6,#20H
        MOV     R7,#0
Delay1: DJNZ    R7,$
        DJNZ    R6,Delay1
        RET
        END
```

实验十三　光耦控制实验

一、实验目的

掌握光耦的工作原理，熟悉它的使用方法。

二、实验设备

SUN ES59PA 实验仪一套、PC 机一台。

三、实验内容

1. 预备知识

为了消除控制电路与外设共地的影响，对外界的输入输出采用了光电隔离措施，以最大限度减少外界电路对内部电路的干扰。SUN ES59PA 使用了两种光耦，普通光耦采用 TOSHIBA 公司的 TLP521-4 芯片，它的反应速度通常为几十微秒，高速光耦采用了 HP 公司的 6N137，它的反应速度小于 75 ns。

TLP521 的工作电压范围很宽，通过光耦，可将较高电压的外部信号转化为单片机可以接收的信号，也可以将单片机发出的信号转化为较高电压的外部信号，提高抗干扰能力。

2. 实验过程

单片机的 RXD、TXD 通过光耦，与微机串行通信。

四、实验原理图

实验原理如图 3.13 所示。

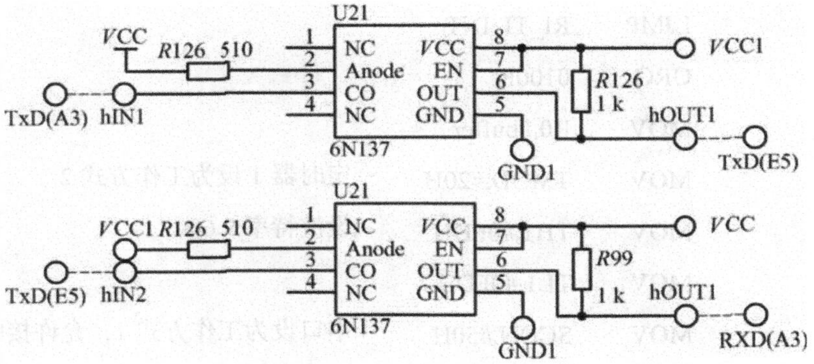

图 3.13　实验原理图

五、实验步骤

（1）主机连线说明（见表 3.14）:

表 3.14　主机连线

连线端	连接到	连线端
A3 区：RxD、TxD	——	D4 区：hOUT2、hIn1
D4 区：hOUT1、hIn2	——	E5 区：TXD、RXD
D4 区：VCC1、GND1	——	C1 区：VCC、GND

（2）运行程序。

（3）运行“串口助手(ComPort.EXE)”，设置串口（波特率 9 600，8 个数据位，1 个停止位，没有校验），打开串口，选择“HEX 发送”“HEX 显示”，向 CPU 发送 10 个字节数据（输入数据之间用空格分隔），观察是否能接收到 10 个字节数据，将接收到的数据发送回微机，判断接收到的数据是否与发送数据一致。

（4）改变传输数据的数目，重复实验，观察结果。

六、实验程序

```
Length      EQU     10              ;一次性接收、发送数据的数目
buffer      DATA    30H             ;接收、发送缓冲区,长度为 8 个字节
```

```
                ORG     0
                LJMP    START
                ORG     0023H
                LJMP    RI_TI_INT
                ORG     0100H
START:          MOV     R0,#buffer
                MOV     TMOD,#20H           ;定时器 1 设为工作方式 2
                MOV     TH1,#0FDH           ;设波特率 9 600
                MOV     TL1,#0FDH
                MOV     SCON,#50H           ;串口设为工作方式 1，允许接收
                SETB    TR1                 ;选通定时器 1，定时器开始工作
                SETB    EA
                SETB    ES
                SJMP    $
RI_TI_INT:      JB      TI,RI_TI_INT_1
                MOV     A,SBUF
                MOV     @R0,A
                INC     R0
                CLR     RI
                CJNE    R0,#buffer + Length,$+3
                JC      RI_TI_INT_2
                MOV     R0,#buffer
                CLR     REN                 ;不允许接收
                SETB    TI
                SJMP    RI_TI_INT_2
RI_TI_INT_1:    CLR     TI
                CJNE    R0,#buffer + Length,$+3
                JC      RI_TI_INT_3
                MOV     R0,#buffer
                SETB    REN
```

```
                SJMP    RI_TI_INT_2
RI_TI_INT_3:    MOV     A,@R0
                MOV     SBUF,A
                INC     R0
RI_TI_INT_2:    RETI
                END
```

实验十四　图形点阵显示实验(12864M)

一、实验目的

了解图形液晶模块的控制方法；了解它与单片机的接口逻辑；掌握使用图形点阵液晶显示字体和图形。

二、实验设备

SUN 系列实验仪一套、PC 机一台。

三、实验内容

1. 12864M 液晶显示器

（1）图形点阵液晶显示器，分辨率为 128 × 64，可显示图形和 8 × 4 个（16 × 16 点阵）汉字。

（2）与 CPU 连接，可采用并行或串行接口方式。

（3）内置 8 192 个中文汉字（16 × 16 点阵）、128 个字符、64 × 256 点阵显示 RAM。

2. 实验过程

使用并行接口方式，在 12864M 液晶上画一个矩形，显示一段字，包括汉字和英文“星研电子”“STAR ES59PA”。

四、实验原理图

实验原理如图 3.14 所示。

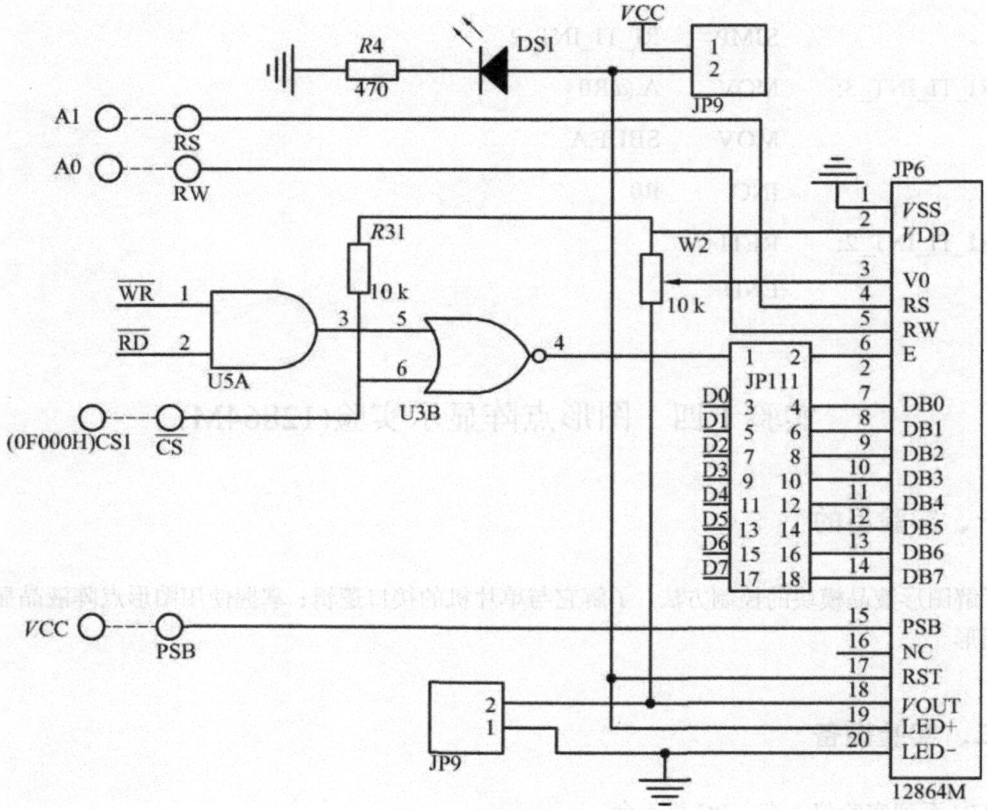

图 3.14　实验原理图

五、实验步骤

（1）主机连线说明（见表 3.15）：

表 3.15　主机连线

连线端	连接到	连线端
A1 区：CS、RW、RS	——	A3 区：CS1、A0、A1
A1 区：PSB	——	C1 区：VCC

（2）运行程序，验证显示结果。

六、实验程序

1. 12864 子程序（Y12864.ASM）

```
;定义
Y12864_W_CON      XDATA    0F000H                    ;写指令地址
Y12864_R_CON      XDATA    0F001H                    ;读取忙状态地址
```

```
Y12864_W_Data       XDATA   0F002H                  ;写数据地址
Y12864_R_Data       XDATA   0F003H                  ;读数据地址
F1                  BIT     PSW.1
;基本控制
WR_Con:             PUSH    DPL                     ;写指令
                    PUSH    DPH
                    MOV     DPTR,#Y12864_W_CON      ;写控制命令
                    MOVX    @DPTR,A
                    NOP
                    MOV     DPTR,#Y12864_R_CON      ;读忙状态
WR_Con1:            MOVX    A,@DPTR
                    JB      ACC.7,WR_Con1           ;检查液晶显示是否处于忙状态
                    POP     DPH
                    POP     DPL
                    RET
RD_DATA:            PUSH    DPL                     ;读数据
                    PUSH    DPH
                    MOV     DPTR,#Y12864_R_Data
                    MOVX    A,@DPTR
                    POP     DPH
                    POP     DPL
                    RET
WR_Data:            PUSH    DPL                     ;写数据
                    PUSH    DPH
                    MOV     DPTR,#Y12864_W_Data
                    MOVX    @DPTR,A
                    MOV     DPTR,#Y12864_R_CON
WR_Data1:           MOVX    A,@DPTR
                    JB      ACC.7,WR_Data1          ;检查液晶显示是否处于忙状态
                    POP     DPH
                    POP     DPL
                    RET
Clear_LCD:          MOV     A,#1H                   ;清屏
                    CALL    WR_Con
                    RET
Close_Cursor:       MOV     A,#0CH                  ;关光标
```

```
                    CALL    WR_Con
                    RET
Set_Cursor:         PUSH    ACC             ;设置光标    A——光标位置
                    MOV     A,#0EH          ;光标锁定相应调整的时间内容处
                    CALL    WRCOM
                    POP     ACC
                    CALL    WRCOM
                    RET
BaseMode:           MOV     A,#30H          ;基本模式
                    CALL    WR_Con
                    RET
ExpandModeDraw_On:  MOV     A,#36H          ;扩展模式 + 允许绘图
                    CALL    WR_Con
                    RET
ExpandModeDraw_Off: MOV     A,#34H          ;扩展模式 + 关闭绘图
                    CALL    WR_Con
                    RET
Set_GDRAM_Addr:     SETB    ACC.7           ;设置 GDRAM 地址到地址计数器，参数在 A 中
                    CALL    WR_Con
                    RET
;写 GDRAM(一次二个字节) A:第一个字节, B:第二个字节, R6:X, R7:Y
Write_GDRAM_X_Y:    PUSH    ACC
                    MOV     A,R6            ;行
                    MOV     C,ACC.5
                    CLR     ACC.5
                    CALL    Set_GDRAM_Addr
                    MOV     A,R7            ;列  请注意 12864M 的行、列是如何排列的
                    MOV     ACC.3,C
                    CALL    Set_GDRAM_Addr
                    POP     ACC
                    CALL    WR_Data
                    MOV     A,B
                    CALL    WR_Data
                    RET
;读 GDRAM(一次二个字节)    R6:X, R7:Y, A:第一个字节, B:第二个字节
Read_GDRAM_X_Y:     MOV     A,R6            ;行
```

```
                    MOV     C,ACC.5
                    CLR     ACC.5
                    CALL    Set_GDRAM_Addr
                    MOV     A,R7
                    MOV     ACC.3,C                 ;列
                    CALL    Set_GDRAM_Addr
                    CALL    RD_DATA
                    CALL    RD_DATA
                    MOV     B,A
                    CALL    RD_DATA
                    XCH     A,B
                    RET
Draw_A_Picture:     PUSH    06H                     ;画一幅图画(128×64), DPTR指向数据区
                    PUSH    07H
                    PUSH    B
                    CALL    ExpandModeDraw_Off
                    MOV     R6,#0
Draw_A_Picture1:    MOV     R7,#0
Draw_A_Picture2:    CLR     A
                    MOVC    A,@A+DPTR
                    MOV     B,A
                    INC     DPTR
                    CLR     A
                    MOVC    A,@A+DPTR
                    INC     DPTR
                    XCH     A,B
                    CALL    Write_GDRAM_X_Y
                    INC     R7
                    CJNE    R7,#8,Draw_A_Picture2
                    INC     R6
                    CJNE    R6,#64,Draw_A_Picture1
                    CALL    ExpandModeDraw_On
                    POP     B
                    POP     07H
                    POP     06H
                    RET
```

```
Disp_LineDP:    PUSH    ACC             ;从位置(a)开始显示 DPTR 指向的一行
                CALL    BaseMode        ;采用基本指令集
                POP     ACC
                CALL    WR_Con          ;定位，第一个数据显示的位置
Disp_LineDP1:   CLR     A
                MOVC    A,@A+DPTR
                JZ      Disp_LineDP2    ;判断是否到了显示结束标志
                INC     DPTR
                CALL    WR_Data
                SJMP    Disp_LineDP1
Disp_LineDP2:   RET
```

七、实验扩展及思考

实验内容：采用串形接口，实验仪应如何连接，需要重新编写哪些程序，请重做此实验。

第四章　综合实验

综合实验介绍一些新颖的外围电路，将各个单元电路灵巧组合、深入挖掘，生成一些具有实际意义的工程。读者也可以根据自己的理解、需要，将各个单元电路自行组合而成具有实际意义的复杂单片机控制电路。

实验一　ZLG7290（I^2C 总线）键盘显示实验

一、实验目的

（1）了解 I^2C 总线读写方式；
（2）掌握使用 ZLG7290 进行 8 位数码管和键盘控制。

二、实验设备

SUN 系列实验仪一套、PC 机一台。

三、实验内容

1. ZLG7290

（1）键盘&LED 控制器，可同时控制 64 键键盘和 8 位 LED，直接驱动 LED；
（2）I^2C 总线工作方式。

2. 实验过程

（1）编写程序：利用 ZLG7290 实现对 F4 区的键盘扫描，将键号显示于 8 位数码管上；
（2）按图连线，运行程序，观察实验结果，能熟练运用 ZLG7290 扩展显示器和键盘。

四、实验原理图

实验原理如图 4.1 所示。

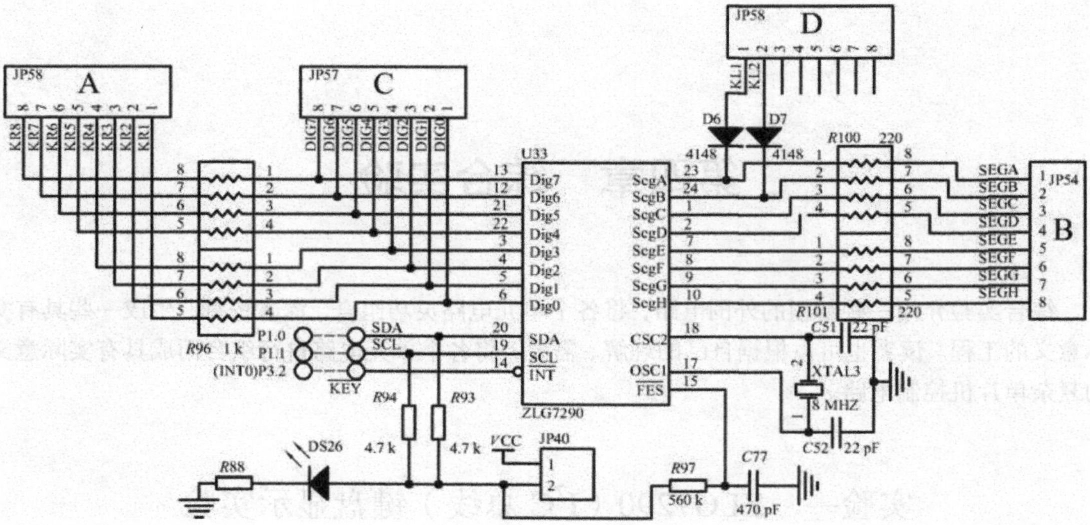

图 4.1　实验原理图

五、实验步骤

（1）主机连线说明（见表 4.1）：

表 4.1　主机连线

连线端	连接到	连线端
D3 区：SDA	——	A3 区：P1.0
D3 区：SCL	——	A3 区：P1.1
D3 区：KEY	——	A3 区：P3.2
D3 区：A、B、C、D	——	F4 区：A、B、C、D

（2）运行程序，观察实验结果（任意按下 F4 区 4×4 键盘几个键，它上面的 8 个 LED 显示器会将按键的编码从左至右依次显示出来），可依此验证对 ZLG7290 芯片操作的正确性。

六、实验程序

1. ZLG7290.ASM

（1）定义：

```
SDA             BIT     P1.0            ;数据传输口
SCL             BIT     P1.1            ;时钟
INT             BIT     P3.2            ;按键中断,低电平中断信号
;ZLG7290 的片选地址：70H
ZLG7290_WRITE   EQU     70H             ;写指令
```

```
ZLG7290_READ      EQU     71H          ;读指令
;ZLG7290 各寄存器地址
SystemReg         EQU     00H          ;系统寄存器
Key               EQU     01H          ;键值寄存器
RepeatCnt         EQU     02H          ;连击次数寄存器
FunctionKey       EQU     03H          ;功能寄存器
CmdBuf0           EQU     07H          ;命令缓冲区 0
CmdBuf1           EQU     08H          ;命令缓冲区 1
FlashOnOff        EQU     0CH          ;闪烁控制寄存器
ScanNum           EQU     0DH          ;扫描位数寄存器
DpRam0            EQU     10H          ;显示缓存寄存器首地址
;ZLG7290 各指令参数（纯指令）
SL                EQU     10H          ;左移一位( 11H 为 2 位，12H 为 3 位，…)
SR                EQU     20H          ;右移一位（同上）
SLR               EQU     30H          ;循环左移一位（同上）
SRR               EQU     40H          ;循环右移一位（同上）
ConFlash          EQU     70H          ;数码管闪烁控制
```

（2）I^2C 部分：

```
;Delay_tBUF,Delay_tHD_STA,Delay_tHD_DAT,Delay_tSU_STO,Delay_tHIGH,Delay_Tlow
;Delay_tSU_DAT 是几个宏,用于控制 I2C 操作时所需的时序
;写入 8 位数据
Write8bits:       PUSH    07H
                  MOV     R7,#8
Write_8bits_1:    CLR     SCL
                  Delay_tHD_DAT
                  RLC     A
                  MOV     SDA,C        ;数据在 SCL 为低时,将数据送上 SDA
                  Delay_tSU_DAT
                  SETB    SCL
                  Delay_tHIGH
                  DJNZ    R7,Write_8bits_1
                  CLR     SCL
                  POP     07H
                  RET
;读取 8 位数据
Read_8bits:       PUSH    07H
                  MOV     R7,#8
Read_8bits_1:     CLR     SCL
                  Delay_tLOW
```

```
                SETB    SCL                     ;SCL 高电平时，读取 SDA 数据
                Delay_tHIGH
                MOV     C,SDA
                RLC     A
                DJNZ    R7,Read_8bits_1
                CLR     SCL
                POP     07H
                RET
;开始信号
Start:          SETB    SDA
                SETB    SCL
                Delay_tBUF
                CLR     SDA
                Delay_tHD_STA
                CLR     SCL
                RET
;结束信号
Stop:           Delay_tHD_DAT
                CLR     SDA
                SETB    SCL
                Delay_tSU_STO
                SETB    SDA                     ;操作结束后，确保 I2C 总线处于释放状态
                Delay_STOP                      ;发出结束信号,ZLG7290 需要延时
                RET
;从机应答查询
Acknowledge:    Delay_tLOW
                SETB    SDA                     ;查询接收端应答信号，要先释放总线
                SETB    SCL
                Delay_tHIGH
                MOV     C,SDA                   ;接收端应答标志:将 SDA 置低
                CLR     SCL
                RET
;主机应答完成
MasterACK:      Delay_tHD_DAT
                CLR     SDA                     ;数据线 SDA 置 0 应答
                Delay_tSU_DAT
                SETB    SCL
                Delay_tHIGH
                CLR     SCL
```

```
                SETB    SDA             ;置高数据
                RET
;主机应答未完成
MasterACKnot:   Delay_tHD_DAT
                SETB    SDA             ;数据线 SDA 置 1 应答
                Delay_tSU_DAT
                SETB    SCL
                Delay_tHIGH
                CLR     SCL
                SETB    SDA             ;置高数据
                RET
```

（3）寄存器、命令缓冲区操作：

```
;命令解释写：F0=0，写纯指令，指令参数->A;F0=1，写复合指令，指令参数 1->A,指令参数 2->B
ConWrite:       PUSH    00H
                PUSH    ACC
                MOV     R0,#10          ;允许重试的次数
                SJMP    ConWrite3
ConWrite2:      LCALL   Stop            ;结束信号
                DJNZ    R0,ConWrite3
                POP     ACC
                POP     00H             ;无法完成
                RET
ConWrite3:      LCALL   Start           ;开始信号
                MOV     A,#ZLG7290_WRITE ;写操作
                LCALL   Write8bits      ;写入 8 位数据
                LCALL   Acknowledge     ;查询应答信号
                JC      ConWrite2       ;没有收到应答信号
                MOV     A,#CmdBuf0      ;CmdBuf0
                LCALL   Write8bits      ;写入
                LCALL   Acknowledge     ;查询应答信号
                JC      ConWrite2
                POP     ACC
                PUSH    ACC
                LCALL   Write8bits
                LCALL   Acknowledge
                JC      ConWrite2
                JNB     F0,ConWrite1
                MOV     A,B
                LCALL   Write8bits
```

```
                LCALL   Acknowledge
                JC      ConWrite2
ConWrite1:      LCALL   Stop                    ;结束信号
                POP     ACC
                POP     00H
                RET
;写寄存器，A——寄存器地址，B——参数
RegWrite:       PUSH    00H
                PUSH    ACC
                MOV     R0,#10                  ;允许重试的次数
                SJMP    RegWrite2
RegWrite1:      LCALL   Stop                    ;结束信号
                DJNZ    R0, RegWrite2
                POP     ACC
                POP     00H
                RET
RegWrite2:      LCALL   Start                   ;开始信号
                MOV     A,#ZLG7290_WRITE        ;写操作指令
                LCALL   Write8bits              ;写入 8 位数据
                LCALL   Acknowledge             ;查询应答信号
                JC      RegWrite1               ;没有收到应答信号
                POP     ACC
                PUSH    ACC
                LCALL   Write8bits              ;写入
                LCALL   Acknowledge             ;应答信号
                JC      RegWrite1               ;没有收到应答信号
                MOV     A,B
                LCALL   Write8bits
                LCALL   Acknowledge             ;应答信号
                JC      RegWrite1               ;没有收到应答信号
                LCALL   Stop                    ;结束信号
                POP     ACC
                POP     00H
                RET
;连续写入 n 个字节，A——寄存器地址，R7——写入数据个数 n，R0——指向写入数据缓冲区
RegSWrite:      PUSH    01H
                PUSH    02H
                PUSH    03H
                PUSH    ACC
```

```
                 MOV     R1,#10             ;允许重试的次数
                 MOV     02H,R7
                 MOV     03H,R0
                 SJMP    RegSWrite3
RegSWrite2:      LCALL   Stop               ;结束信号
                 MOV     R7,02H
                 MOV     R0,03H
                 DJNZ    R1,RegSWrite3
                 POP     ACC
                 POP     03H
                 POP     02H
                 POP     01H
                 RET
RegSWrite3:      LCALL   Start              ;开始信号
                 MOV     A,#ZLG7290_WRITE   ;写操作
                 LCALL   Write8bits         ;写入8位数据
                 LCALL   Acknowledge        ;查询应答信号
                 JC      RegSWrite2         ;没有收到应答信号
                 POP     ACC
                 PUSH    ACC
                 LCALL   Write8bits         ;写入
                 LCALL   Acknowledge        ;应答信号
                 JC      RegSWrite2
RegSWrite1:      MOV     A,@R0
                 LCALL   Write8bits
                 LCALL   Acknowledge        ;应答信号
                 JC      RegSWrite2
                 INC     R0
                 DJNZ    R7,RegSWrite1
                 LCALL   Stop               ;结束信号
                 POP     ACC
                 POP     03H
                 POP     02H
                 POP     01H
                 RET
;读寄存器，A——寄存器地址，参数->A
RegRead:         PUSH    00H
                 PUSH    ACC
                 MOV     R0,#10             ;允许重试的次数
```

```
                SJMP    RegRead2
RegRead1:       LCALL   Stop            ;结束信号
                DJNZ    R0,RegRead2
                POP     ACC
                POP     00H
                RET
RegRead2:       LCALL   Start           ;开始
                MOV     A,#ZLG7290_WRITE ;发出写信号
                LCALL   Write8bits      ;写入数据
                LCALL   Acknowledge     ;应答信号
                JC      RegRead1        ;没有收到应答信号
                POP     ACC             ;（A）为开始寄存器地址
                PUSH    ACC
                LCALL   Write8bits      ;写入地址
                LCALL   Acknowledge     ;应答信号
                JC      RegRead1        ;没有收到应答信号
RegRead1:       LCALL   Start           ;开始信号
                MOV     A,#ZLG7290_READ ;执行读操作
                LCALL   Write8bits      ;写入
                LCALL   Acknowledge     ;等待响应
                JC      RegRead1        ;没有收到应答信号
                LCALL   Read_8bits      ;一位操作，读出寄存器值于 A 中
                LCALL   MasterACKnot    ;操作完成之前，主机产生一不响应信号
                LCALL   Stop            ;终止操作
                POP     00H
                POP     00H
                RET                     ;返回
```

（4）基本命令：

```
ZLG7290INIT:    MOV     A,#7            ;初始化
                LCALL   SetScanNum      ;允许 8 个数码管显示
                LCALL   LEDClear
                RET
;清除 LED 显示
LEDClear:       CLR     A
                MOV     B,#1FH
LEDClear_1:     PUSH    ACC
                LCALL   LED_8
                POP     ACC
                INC     A
```

```
                    CJNE    A,#8,LEDClear_1
                    RET
ScanKey:            MOV     A,#SystemReg      ;是否有键按下? ACC.0 = 1,有键
                    CALL    RegRead
                    RET
KeyRead:            MOV     A,#Key            ;读键值→(A)
                    LCALL   RegRead
                    DEC     A
                    RET
RepeatNumRead:      MOV     A,#RepeatCnt      ;读连击寄存器→(A)
                    LCALL   RegRead
                    RET
FunctionKeyRead:    MOV     A,#FunctionKey    ;读功能键寄存器→(A)
                    LCALL   RegRead
                    RET
SetScanNum:         PUSH    B                 ;使用几个数码管 A→ScanNum
                    MOV     B,A
                    MOV     A,#ScanNum
                    LCALL   RegWrite
                    POP     B
                    RET
SetFlashOnOff:      PUSH    B                 ;设置闪烁控制器 A→FlashOnOff
                    MOV     B,A
                    MOV     A,#FlashOnOff
                    LCALL   RegWrite
                    POP     B
                    RET
L_Shift:            ANL     A,#0FH            ;左移，参数在 A 中
                    ORL     A,#SL
                    SJMP    SHIFT
R_Shift:            ANL     A,#0FH            ;右移，参数在 A 中
                    ORL     A,#SR
                    SJMP    SHIFT
L_Shift_R:          ANL     A,#0FH            ;循环左移，参数在 A 中
                    ORL     A,#SLR
                    SJMP    SHIFT
R_Shift_R:          ANL     A,#0FH            ;循环右移，参数在 A 中
                    ORL     A,#SRR
SHIFT:              PUSH    PSW
```

```
                CLR     F0
                LCALL   ConWrite
                POP     PSW
                RET
;A 指定的数码管上显示 B
LED_8:          PUSH    PSW
                SETB    F0
                ANL     A,#0FH
                ORL     A,#60H
                LCALL   ConWrite
                POP     PSW
                RET
```

2. 主程序(MAIN.ASM)

```
MAIN_CODE       SEGMENT     CODE
MAIN_DATA       SEGMENT     DATA
STACK           SEGMENT     IDATA
RSEG            MAIN_DATA
Led_No:         DS          1               ;键值显示在哪一个数码管上
RSEG            STACK
                DS          20H             ;32Bytes 堆栈
CSEG            AT          0
                LJMP        start
CSEG            AT          3               ;外部中断 0 程序入口
                LJMP        KeyINT0
RSEG            MAIN_CODE
start:          MOV         SP,#STACK
                CLR         F0
                MOV         Led_No,#0       ;键值显示在第一个数码管上
                SETB        IT0             ;外部中断 0 设置
                CLR         IE0             ;边沿触发方式
                SETB        EX0             ;开外部中断 0 使能
                SETB        EA              ;开中断使能
                LCALL       ZLG7290INIT     ;7290 初始化
start1:         JNB         F0,$            ;是否有键按下
```

```
            CLR     F0
            MOV     A,Led_No
            CJNE    A,#8,$+3
            JC      start2
            MOV     Led_No,#0
            LCALL   LEDClear
start2:     LCALL   KeyRead             ;读键值
            MOV     B,A
            MOV     A,Led_No
            INC     Led_No
            LCALL   LED_8
            sjmp    start1
;键中断处理
KeyINT0:    SETB    F0                  ;有键按下标志
            RETI
            END
```

实验二 带时间显示的红绿灯实验

一、实验目的

（1）进一步了解 8255 芯片的工作原理，掌握其初始化编程方法以及输入、输出程序设计技巧。学会使用 8255 并行接口芯片实现各种控制功能，如本实验（控制交通灯）等。

（2）熟悉 8255 内部结构和与单片机的接口逻辑，熟悉 8255 芯片的 3 种工作方式以及控制字格式。

（3）复习 MCS51 单片机的定时器中断。

二、实验设备

SUN 系列实验仪一套、PC 机一台。

三、实验内容

编写程序：使用 8255 的 PA0 ~ 2（东西向）、PA4 ~ 6（南北向）控制 LED 指示灯；F4 区的 5、4 号数码管显示东西向剩余秒数，1、0 号数码管显示南北向剩余秒数，实现交通灯功能。

四、实验原理图

实验原理如图 4.2 所示。

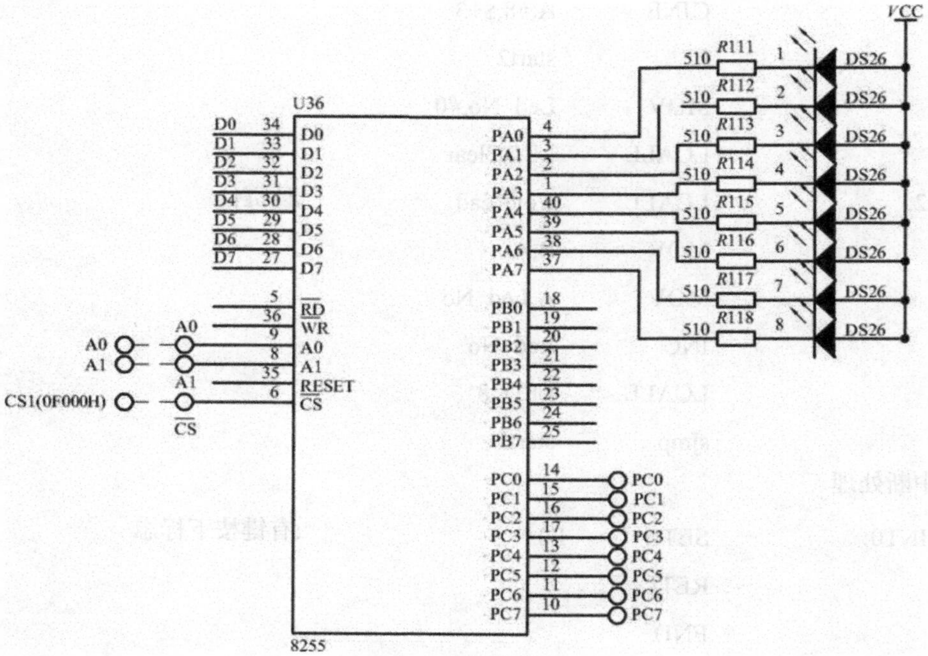

图 4.2　实验原理图

五、实验步骤

（1）连线说明（见表 4.2）：

表 4.2　连线说明

连线端	连接到	连线端
B6 区：CS、A0、A1	——	A3 区：CS1、A0、A1
B6 区：JP56（PA 口）	——	F5 区：JP65
D3 区：SDA、SCL	——	A3 区：P3.0、P3.1
D3 区：A、B、C、D	——	F4 区：A、B、C、D

（2）观察实验结果，是否能看到模拟的交通灯控制过程。

六、实验程序

```
#include "reg52.h"

extern void Display8();
```

```
data unsigned char R0 _at_ 0x0;

#define blueConst    30                    //绿灯时间
#define blueFlash    5                     //绿灯闪烁时间
#define yellowConst  3                     //黄灯时间
#define RedConst     38                    //红灯时间 = 前三种时间总和

#define u8      unsigned char

xdata u8 COM_ADD _at_ 0xF003;
xdata u8 PA_ADD _at_ 0xF000;

u8 ms50;                                   //存放多少个 50 ms
bit b500ms;
bit bSecond;

void T0_INT(void) interrupt 1              //50 ms 定时
{
    TH0 = 0x4C;
    ms50++;
    if (ms50 == 10)
        b500ms = 1;
    else if (ms50 == 20)
    {
        bSecond = 1;
        ms50 = 0;
    }
}

void display(u8 ew, u8 sn)                 //显示
{
    u8 buffer[8];
    ew--;
    sn--;
    buffer[5] = ew / 10;
    buffer[4] = ew % 10;
    buffer[1] = sn / 10;
    buffer[0] = sn % 10;
    buffer[7] = 0x10;                      //消隐
```

```
    buffer[6] = 0x10;
    buffer[3] = 0x10;
    buffer[2] = 0x10;
    R0 = buffer;
    Display8();                          //库函数 Display8 需要使用 R0 指明显示缓冲区
}

void delay(u8* pew, u8* psn)             //延时
{
    while (1)
    {
        display(*pew, *psn);
        while (bSecond == 0)
        {;}
        bSecond = 0;
        if (--*pew == 0)
        {
            --*psn;
            break;
        }
        else if (--*psn == 0)
            break;
    }
}

code const u8 conArray[] = {0xbe, //东西绿灯，南北红灯
                            0xbf, //东西绿灯闪烁，南北红灯
                            0xbd, //东西黄灯亮，南北红灯
                            0xeb, //东西红灯，南北绿灯
                            0xfb, //东西红灯，南北绿灯闪烁
                            0xdb  //东西红灯，南北黄灯亮
                            };
void main()
{
    u8 ew,sn;
    TMOD = 0x01;                         //T0 定时器方式一
    TH0 = 0x4C;                          //50 ms 定时
    TL0 = 0x00;
    ms50 = 0;
```

```
b500ms = 0;
bSecond = 0;
EA = 1;
ET0 = 1;
TR0 = 1;

COM_ADD = 0x80;                    //PA、PB、PC 为基本输出模式
PA_ADD = 0xff;                     //灯全熄灭

while(1)
{
    ew = blueConst;                //绿灯时间
    sn = RedConst;                 //红灯时间
    PA_ADD = conArray[0];          //东西绿灯，南北红灯
    delay(&ew,&sn);
    ew = blueFlash;
    b500ms = 0;
    do
    {
        PA_ADD = conArray[1];      //东西绿灯闪烁，南北红灯
        display(ew,sn);
        while (b500ms == 0)
        {;}
        b500ms = 0;
        PA_ADD = conArray[0];
        while (bSecond == 0)
        {;}
        bSecond = 0;
        sn--;
    }while(--ew);
    ew = yellowConst;
    PA_ADD = conArray[2];          //东西黄灯亮，南北红灯
    delay(&ew,&sn);

    ew = RedConst;
    sn = blueConst;
    PA_ADD = conArray[3]; //东西红灯，南北绿灯
    delay(&ew,&sn);
    sn = blueFlash;
```

```
        b500ms = 0;
        do
        {
            PA_ADD = conArray[4]; //东西红灯，南北绿灯闪烁
            display(ew,sn);
            while (b500ms == 0)
            {;}
            b500ms = 0;
            PA_ADD = conArray[3];
            while (bSecond == 0)
            {;}
            bSecond = 0;
            ew--;
        }
        while(--sn);

        sn = yellowConst;
        PA_ADD = conArray[5];        //东西红灯，南北黄灯亮
        delay(&ew,&sn);
    }
}
```

实验三　数字式温度计实验

一、实验目的

（1）掌握一线串行接口的读写操作；
（2）掌握数字温度计 DS18B20 的使用。

二、实验设备

SUN 系列实验仪一套、PC 机一台。

三、实验内容

应用 DS18B20 制作一个数字温度计，通过 DS18B20 测量温度，ZLG7290 控制 LED（F4 区）动态显示温度。

四、实验原理图

实验原理如图 4.3 所示。

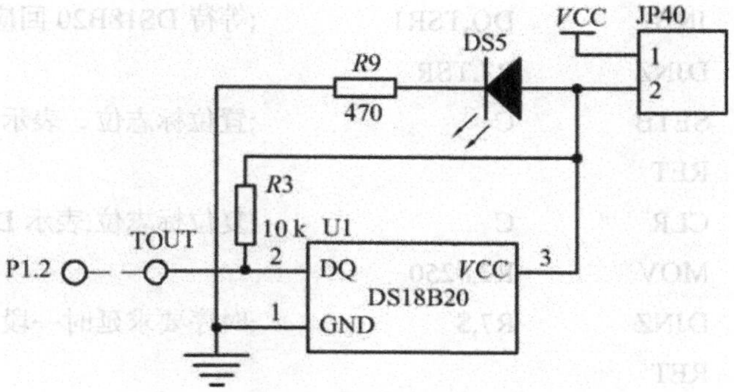

图 4.3　实验原理图

五、实验步骤

（1）主机连线说明（见表 4.3）：

表 4.3　主机连线

连线端	连接到	连线端
F8 区：TOUT	——	A3 区：P1.2
D3 区：SDA、SCL	——	A3 区：P1.0、P1.1
D3 区：A、B、C、D	——	F4 区：A、B、C、D

（2）使用 DS18B20 测量温度，将读出的十六进制温度值转换为十进制数。

（3）通过 LED（F4 区）动态显示温度，温度数据通过 DS18B20 获取。可用手指贴住 DS18B20（F8 区），温度显示会随之上升。

六、实验程序

1. 18B20 子程序

```
DQ          BIT     P1.2        ;数据输入/输出端
;DS18B20 复位初始化子程序
INIT_18B20: SETB    DQ
            NOP
            CLR     DQ          ;主机发出 501 μs 的复位低脉冲
            MOV     R7,#250
```

```
            DJNZ    R7,$
            SETB    DQ              ;拉高数据线
            MOV     R7,#30
TSR:        JNB     DQ,TSR1         ;等待 DS18B20 回应
            DJNZ    R7,TSR
            SETB    C               ;置位标志位，表示 DS18B20 不存在
            RET
TSR1:       CLR     C               ;复位标志位,表示 DS18B20 存在
            MOV     R7,#250
            DJNZ    R7,$            ;时序要求延时一段时间
            RET
;写操作
WRITE_18B20: MOV    R7,#8           ;一共 8 位数据
            CLR     C
WRI:        NOP
            CLR     DQ
            MOV     R6,#3
            DJNZ    R6,$
            RRC     A
            MOV     DQ,C
            MOV     R6,#26
            DJNZ    R6,$
            SETB    DQ
            DJNZ    R7,WRI
            RET
;读操作
READ_18B20: MOV     R7,#8           ;数据一共有 8 位
READ1:      CLR     DQ
            NOP
            SETB    DQ
            MOV     R6,#3
            DJNZ    R6,$
            MOV     C,DQ
            MOV     R6,#26
            DJNZ    R6,$
            RRC     A
```

```
            DJNZ      R7,READ1
            RET
; 判断 DS18B20 是否存在，启动 DS18B20      ;CY 为判断标志
START_Temperature:   SETB   DQ
            ACALL     INIT_18B20     ;先复位 DS18B20
            JC        GET_T
            MOV       A,#0CCH        ;跳过 ROM 匹配
            LCALL     WRITE_18B20
            MOV       A,#44H         ;发出温度转换命令
            LCALL     WRITE_18B20
            CLR       C
GET_T:      RET
; 读出转换后的温度值，保存于：A——高 8 位数据，B——低 8 位数据
RD_Temperature:   LCALL   INIT_18B20     ;准备读温度前先复位
            MOV       A,#0CCH        ;跳过 ROM 匹配
            LCALL     WRITE_18B20
            MOV       A,#0BEH        ;发出读温度命令
            LCALL     WRITE_18B20
            CALL      READ_18B20     ;读出温度
            MOV       B,A            ;存放到 A，B 中
            CALL      READ_18B20
            RET
```

2. 主程序(MAIN. ASM)

```
; 主程序说明
; 向 DS18B20 发出温度转换信号，延时等待，读出温度；将温度值由十六进制转换成十进
制数，使用 ZLG7290 控制 LED 显示温度
TEMPER_L:   DS        1                  ;用于保存读出温度的低 8 位
TEMPER_H:   DS        1                  ;用于保存读出温度的高 8 位
buffer:     DS        8                  ;温度临时存放区
            ……
MAIN:       LCALL     START_Temperature  ;向 DS18B20 发送读温度指令
            LCALL     DelayTime
            LCALL     RD_Temperature     ;读出温度值,并转换为 BCD 码
            MOV       TEMPER_L,B         ;温度个位，小数位数据
            MOV       TEMPER_H,A         ;温度十位数据
```

```
            LCALL   DIS_BCD          ;提取温度数据,转换为非压缩型BCD码,并显示
            SJMP    MAIN
;温度转换/显示
DIS_BCD:    MOV     R0,#buffer+3     ;设置显示内容存放区首地址
            MOV     @R0,#10H         ;正数
            MOV     A,TEMPER_H
            JNB     ACC.3,DIS_BCD1   ;判断温度是否为负
            MOV     @R0,#11H         ;负数
            CPL     A
            XCH     A,TEMPER_L
            CPL     A
            ADD     A,#1
            XCH     A,TEMPER_L
            ADDC    A,#0
DIS_BCD1:   ANL     A,#0FH           ;将温度整数位转换为ASCII码
            MOV     B,A
            MOV     A,TEMPER_L
            ANL     A,#0F0H
            ORL     A,B              ;将温度的个位与十位BCD码合在一起
            SWAP    A
            MOV     B,#10
            DIV     AB
            JNZ     DIS_BCD2         ;判断温度的十位是否为0,进行相应处理
            MOV     A,#10H           ;十位为0
            XCH     A,@R0
            DEC     R0
            MOV     @R0,A
            SJMP    DIS_BCD3
DIS_BCD2:   DEC     R0
            MOV     @R0,A
DIS_BCD3:   DEC     R0
            MOV     @R0,B
            DEC     R0
            MOV     A,TEMPER_L       ;转换小数部分
            ANL     A,#0FH
            MOV     B,A
```

```
                CLR     A
                JNB     B.0, DIS_BCD4
                MOV     A,#6
DIS_BCD4:       JNB     B.1, DIS_BCD5
                ADD     A,#12H
                DA      A
DIS_BCD5:       JNB     B.2, DIS_BCD6
                ADD     A,#25H
                DA      A
DIS_BCD6:       JNB     B.3, DIS_BCD7
                ADD     A,#50H
                DA      A
DIS_BCD7:       SWAP    A
                ANL     A,#0FH
                MOV     @R0,A
                MOV     R0,#buffer+4        ;显示数据首地址
                MOV     @R0,#10H
                INC     R0
                MOV     @R0,#10H
                INC     R0
                MOV     @R0,#10H
                INC     R0
                MOV     @R0,#10H
                MOV     R0,#buffer
                LCALL   Display8
                RET
```

七、实验扩展及思考题

读取 DS18B20 内部 64 位识别码，了解多个 DS18B20 协同工作原理。

实验四　步进电机实验

一、实验目的

（1）了解步进电机的基本原理，掌握步进电机的转动编程方法；
（2）了解影响电机转速的因素。

二、实验设备

SUN 系列实验仪一套、PC 机一台。

三、实验内容

编写程序：使用 F4 区的键盘控制步进电机的正反转、调节转速，连续转动或转动指定步数，将相应的数据显示在 F4 区的数码管上。

四、控制原理

步进电机的驱动原理是通过每相线圈电流的顺序切换来使电机做步进式旋转，驱动电路由脉冲来控制，所以调节脉冲的频率便可改变步进电机的转速，微控制器最适合控制步进电机。另外，由于电机转动惯量的存在，其转动速度还受驱动功率的影响，当脉冲的频率大于某一值（本实验为 f>100 Hz）时，电机便不再转动。

实验电机共有四个相位（A，B，C，D），按转动步骤可分单 4 拍（A→B→C→D→A），双 4 拍（AB→BC→CD→DA→AB）和单双 8 拍（A→AB→B→BC→C→CD→D→DA→A）。

五、实验原理图

实验原理如图 4.4 所示。

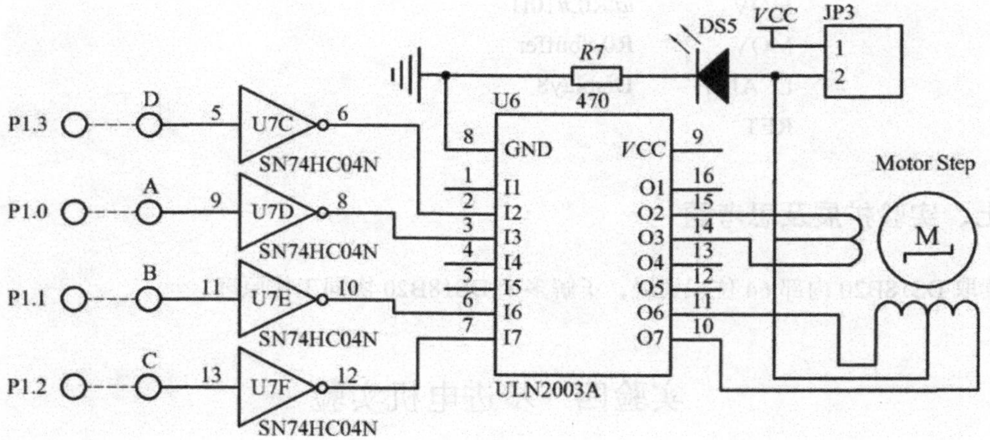

图 4.4　实验原理图

六、实验步骤

（1）主机连线说明（见表 4.4）：

表 4.4 主机连线说明

连线端	连接到	连线端
D1 区：A、B、C、D	——	A3 区：P1.0、P1.1、P1.2、P1.3
D3 区：SDA、SCL	——	A3 区：P3.0、P3.1
D3 区：A、B、C、D	——	F4 区：A、B、C、D
D3 区：KEY	——	A3 区：P3.2（INT0）

（2）调试程序，查看运行结果是否正确。

七、实验程序

```
#include "ZLG7290.h"          //ZLG7290 程序请参阅前边实验
#define u8      unsigned char
u8 StepControl;               //下一次送给步进电机的值
u8 buffer[8];                 //显示缓冲区，8 个字节
u8 SpeedNo;                   //选择哪一级速度
u8 StepDelay;                 //转动一步后，延时常数
u8 StartStepDelay;            //如果选择的速度快于启动速度，延时由长到短，最终使用对应的延时常数
u8 StartStepDelay1;           //StartStepDelay
u16 StepCount;                //转动步数
bit bClockwise;               //1：顺时针方向；0：逆时针方向转动
bit bNeedDisplay;             //已转动一步，需要显示新步数
bit bKeyInt;                  //按键中断标志

void Step_SUB_1()             //转动步数 - 1
{
    u8 count = 4;
    u8* pBuffer = buffer;
    do
    {
        if (*pBuffer != 0)
        {
            *pBuffer -= 1;
            break;
        }
        else
            *pBuffer = 9;
        pBuffer++;
```

```
    }while(--count);
}
void KeyINT (void) interrupt 0
{
    bKeyInt = 1;
}
void Timer0     (void) interrupt 1
{
    if (--StartStepDelay)
        return;
    if (StepDelay != StartStepDelay1)
        StartStepDelay1--;
    StartStepDelay = StartStepDelay1;
    P1 = ~StepControl;
    if (bClockwise)
        StepControl = (StepControl << 1) | (StepControl >>7);
    else
        StepControl = (StepControl >> 1) | (StepControl <<7);
    if (StepCount)
    {
        bNeedDisplay = 1;
        StepCount--;
        Step_SUB_1();
        if (StepCount == 0)
            TR0 = 0;
    }
}
void TakeStepCount()            //返回转动步数
{
    StepCount = ((buffer[3] * 10 + buffer[2])*10 + buffer[1])*10 + buffer[0];
}
void Direction()                //转动方向
{
    if (bClockwise )
    {
        bClockwise = 0;
        buffer[7] = 1;
        StepControl = (StepControl >> 2) | (StepControl << 6);
    }
```

```
        else
        {
            bClockwise = 1;
            buffer[7] = 0;
            StepControl = (StepControl << 2) | (StepControl >> 6);
        }
}
void Speed_up()                    //速度加快
{
        if (SpeedNo != 11)
        {
            SpeedNo++;
            buffer[5] = SpeedNo;
        }
}
void Speed_Down()        //速度减慢
{
        if (SpeedNo)
        {
            SpeedNo--;
            buffer[5] = SpeedNo;
        }
}
void Exec()
{
        u8 StepDelayTab[] = {250,125,83,62,50,42,36,32,28,25,22,21};
        TakeStepCount();
        StepDelay = StepDelayTab[SpeedNo];
        if (StepDelay < 60)
            StartStepDelay = 60;
        else
            StartStepDelay = StepDelay;

        StartStepDelay1 = StartStepDelay;
        TR0 = 1;
}
void Display()
{
        LED_8(7, buffer[7]);
```

```
        LED_8(5, buffer[5]);
        LED_8(3, buffer[3]);
        LED_8(2, buffer[2]);
        LED_8(1, buffer[1]);
        LED_8(0, buffer[0]);
}
void main()
{
        u8 KeyResult;                  //存放键值
        ZLG7290Init();
        bClockwise = 1;
        StepControl = 0x33;            //下一次送给步进电机的值
        bNeedDisplay = 0;
        SpeedNo = 5;
        TMOD = 0x2;
        TH0 = 55;
        TL0 = 55;                      //200 μs 延时
        IT0 = 1;                       //外部中断 0 设置
        IE0  = 0;                      //边沿触发方式
        IE = 0x83;
        buffer[0] = 0;
        buffer[1] = 0;
        buffer[2] = 0;
        buffer[3] = 0;
        buffer[4] = 0x10;              //0x10 不需要显示
        buffer[5] = SpeedNo;
        buffer[6] = 0x10;
        buffer[7] = 0;
        while (1)
        {
            Display();                 //刷新显示
            while (1)
            {
                KeyResult = 0xff;
                if (bKeyInt)
                {
                    bKeyInt = 0;
                    KeyResult = KeyRead();
                }
```

```
if (KeyResult != 0xff)
{
    TR0 = 0;                    //终止步进电机转动
    if (KeyResult >= 10)
    {
        if (KeyResult >= 14)
            continue;
        switch (KeyResult)
        {
        case 10:                //转动方向
            Direction();
            break;
        case 11:                //提高转速
            Speed_up();
            break;
        case 12:                //降低转速
            Speed_Down();
            break;
        case 13:                //步进电机根据方向、转速、步数开始转动
            Exec();
            break;
        }
        break;
    }
    else
    {
        buffer[3] = buffer[2];
        buffer[2] = buffer[1];
        buffer[1] = buffer[0];
        buffer[0] = KeyResult;
        break;
    }
}
else
{
    if (bNeedDisplay)
    {
        bNeedDisplay = 0;
        break;
```

```
                }
            }
        }
    }
}
```

八、实验扩展及思考

（1）怎样改变电机的转速？

（2）通过实验找出电机转速的上限，如何能进一步提高最大转速？

实验五　直流电机测速实验

一、实验目的

了解直流电机和光电开关工作原理；掌握使用光电开关测量直流电机转速。

二、实验设备

SUN 系列实验仪一套、PC 机一台。

三、实验内容

1. 转速测量原理

转速测量原理如图 4.5 所示。本转速测量实验采用反射式光电开关，计数转盘通断光电开关产生的脉冲，计算出转速。

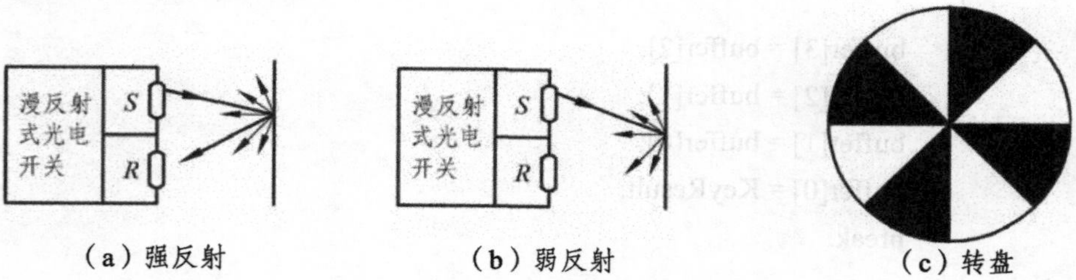

图 4.5　转速测量原理

（1）反射式光开关工作原理：光电开关发射光，射到测量物体上，如果强反射，光电开关接收到反射回来的光，则产生高电平 1[见图 4.5（a）]；如果弱反射，光电开关接收不到反射回来的光，则产生弱电平 0[见图 4.5（b）]。

（2）实验方法：本实验转速测量用的转盘在下表面做成如图 4.5（c）所示的样子，白部分为强反射区，黑部分为弱反射区，转盘每转一圈，产生 4 个脉冲，每 1/4 秒计数出脉冲数，即得到每秒的转速。

2. 实验过程

（1）由 DAC0832 输出的电压经功率放大后给电机供电，使用光电开关，测量电机转速，再经调整，最终将转速显示在 LED 上。

（2）通过按键调节电机转速，随之变化的转速动态显示在 LED 上。

四、实验原理图

实验原理如图 4.6 所示。

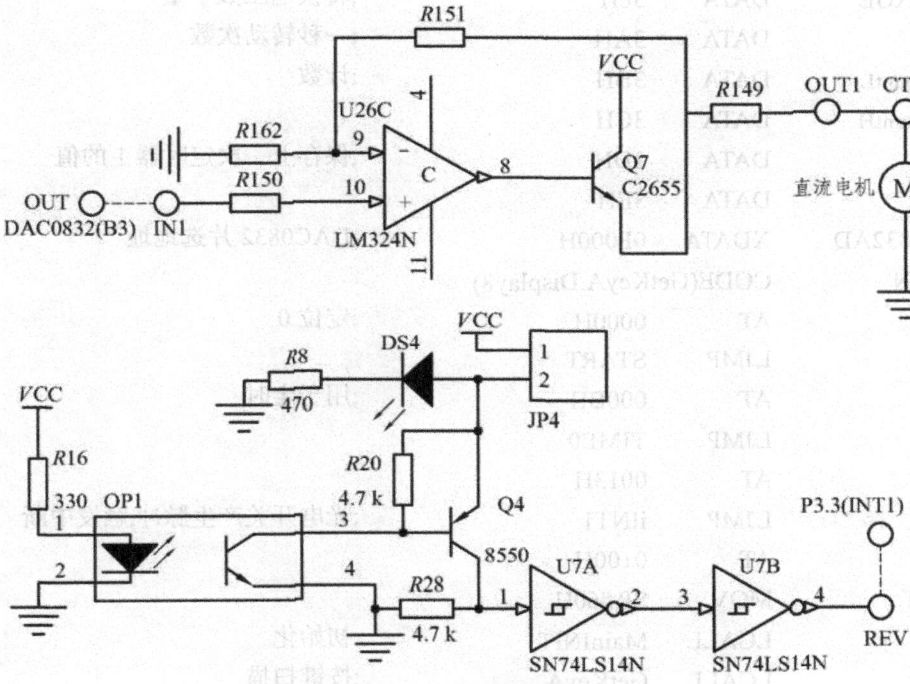

图 4.6　实验原理图

五、实验步骤

（1）主机连线说明（见表 4.5）：

表 4.5　主机连线说明

连线端	连接到	连线端
B3 区：CS	——	A3 区：CS1
B3 区：OUT	——	E2 区：IN1
E2 区：OUT1	——	E1：CTRL
E1 区：REV	——	A3 区：P3.3(INT1)
D3 区：SDA、SCL	——	A3 区：P3.0(RXD)、P3.1(TXD)
D3 区：A、B、C、D	——	F4 区：A、B、C、D

（2）由 DAC0832 输出电压经功率放大后驱动直流电机，通过单片机的计数器，计数光电开关通关次数并经过换算得出直流电机的转速，并将转速显示在 LED 上。

（3）F4 区的 0、1 号按键控制直流电机转速快慢（最大转速≈96 r/s，5 V，误差 ± 1 r/s）。

六、实验程序

```
VoltageOffset   EQU     5                       ;0832 调整幅度
Buffer          DATA    30H                     ;需要 8 个字节的显示缓冲器
VOLTAGE         DATA    38H                     ;转换电压数字量
Count           DATA    3AH                     ;一秒转动次数
NowCountL       DATA    3BH                     ;计数
NowCountH       DATA    3CH
kpTL1           DATA    3DH                     ;保存上一次定时器 1 的值
kpTH1           DATA    3EH
DAC0832AD       XDATA   0F000H                  ;DAC0832 片选地址
EXTRN           CODE(GetKeyA,Display8)
CSEG            AT      0000H                   ;定位 0
                LJMP    START
CSEG            AT      000BH                   ;用于定时
                LJMP    TIME0
CSEG            AT      0013H
                LJMP    iINT1                   ;光电开关产生脉冲,触发中断
CSEG            AT      0100H
START:          MOV     SP,#60H
                LCALL   MainINIT                ;初始化
MAIN:           LCALL   GetKeyA                 ;按键扫描
                JNC     Main1
                JNZ     Key1
Key0:           MOV     A,#VoltageOffset        ;0 号键按下，转速提高
                ADD     A,VOLTAGE
                CJNE    A,VOLTAGE,$+3
                JNC     Key0_1
                MOV     A,#0FFH                 ;最大
Key0_1:         MOV     VOLTAGE,A
                LCALL   DAC                     ;D/A
                SJMP    Main1
Key1:           MOV     A,VOLTAGE               ;1 号键按下，转速降低
                CLR     C
                SUBB    A,#VoltageOffset
```

```
            JNC     Key1_1
            CLR     A                    ;最小
Key1_1:     MOV     VOLTAGE,A
            LCALL   DAC                  ;D/A
Main1:      JNB     F0,MAIN              ;F0=1,定时标志,刷新转速
            CLR     F0
            LCALL   RateTest             ;计算转速/显示
            JMP     MAIN                 ;循环进行实验内容介绍与测速功能测试
;主程序初始化
MainINIT:   CLR     F0                   ;读取转速标志
            MOV     VOLTAGE,#99H         ;初始化转换电压输入值，99H-3.0 V
            MOV     A,VOLTAGE
            LCALL   DAC                  ;初始 D/A
;定时器/计数器初始化
            MOV     TMOD,#11H        ;开定时器 0:定时方式 1；定时器 1：定时方式 1
            MOV     R4,#5*4              ;定时 5×50×4 ms
            MOV     TL0,#0D4H        ;初始化定时器 0，定时 50 ms（11.059 2 MHz）
            MOV     TH0,#4BH
            MOV     TL1,#00H             ;初始化器定时 1
            MOV     TH1,#00H
            MOV     kpTL1,#00H           ;保存上一次定时器 1 的值
            MOV     kpTH1,#00H
            MOV     NowCountL,#0         ;计数器
            MOV     NowCountH,#0
            SETB    TR0                  ;开始定时
            SETB    TR1                  ;开始定时
            SETB    ET0                  ;开定时器 0 中断
            SETB    EX1                  ;开外部中断 1
            SETB    IT1                  ;边沿触发
            SETB    EA                   ;允许中断
            RET
;定时器 0 中断服务程序
TIME0:      PUSH    ACC
            MOV     TL0,#0D5H            ;产生 0.25 s 的定时(采用晶振 11.059 2 MHz）
            MOV     TH0,#4BH
            DJNZ    R4,TIMER0_1
            SETB    F0                   ;0.25×4 s 间隔标志 F0
            MOV     R4,#5*4
            MOV     A,NowCountL
```

```
            RR      A
            RR      A
            ANL     A,#3FH
            MOV     Count,A
            MOV     A,NowCountH
            RR      A
            RR      A
            ANL     A,#0C0H
            ORL     Count,A                 ;转一圈,产生四个脉冲,Count = NowCount/4
            MOV     NowCountL,#0
            MOV     NowCountH,#0
TIMER0_1:   POP     ACC
            RETI
iINT1:      PUSH    PSW                     ;光电开关产生脉冲,触发中断
            PUSH    ACC
            CLR     TR1
            MOV     A,TL1
            CLR     C
            SUBB    A,kpTL1
            MOV     kpTL1,A
            MOV     A,TH1
            SUBB    A,kpTH1
            JNZ     iINT1_1
            MOV     A,kpTL1
            CJNE    A,#30H,$+3
            JC      iINT1_2                 ;过滤干扰脉冲
iINT1_1:    INC     NowCountL
            MOV     A,NowCountL
            JNZ     iINT1_3
            INC     NowCountH
iINT1_3:    MOV     kpTL1,TL1
iINT1_2:    MOV     kpTH1,TH1
            SETB    TR1
            POP     ACC
            POP     PSW
            RETI
;转速测量/显示
RateTest:   MOV     A,Count
            MOV     B,#10
```

```
            DIV     AB
            JNZ     RateTest1
            MOV     A,#10H                  ;高位为 0，不需要显示
RateTest1:  MOV     buffer+1,A
            MOV     buffer,B
            MOV     A,VOLTAGE               ;给 0832 传送的数据
            ANL     A,#0FH
            MOV     buffer+4,A
            MOV     A,VOLTAGE
            ANL     A, #0F0H
            SWAP    A
            MOV     buffer+5,A
            MOV     buffer+2,#10H           ;不显示
            MOV     buffer+3,#10H
            MOV     buffer+6,#10H
            MOV     buffer+7,#10H
            MOV     R0,#buffer
            LCALL   Display8                ;显示转换结果
            RET
;数模转换，A——转换数字量
DAC:        MOV     DPTR,#DAC0832AD
            MOVX    @DPTR,A
            RET
            END
```

七、实验扩展及思考题

在日光灯或白炽灯下，将转速调节到 25、50、75，观察转盘有什么现象？

实验六　I²C 总线串行 EEPROM 24C02A 实验

一、实验目的

（1）了解 I²C 总线读写方式。

（2）掌握 I²C 总线的读写操作和对 24C02A 进行数据读写。

二、实验设备

SUN 系列实验仪一套、PC 机一台。

三、实验内容

1. 24C02A

（1）24C02A 是 I^2C 总线(二线串行接口)的串行 EEPROM，容量为 4 KB。

（2）分为字节写和页写（8 字节）模式，可以单字节读取或连续读出数据。

2. 实验过程

（1）写满 24C02A 内部整个 4 KB 串行 EEPROM，然后检验写入数据是否正确并显示结果。正确：点亮 8 个红色发光管(F5 区)；错误：熄灭 8 个红色发光管。

（2）起始写入地址为 00H，起始写入数据为 00H，之后地址与数据都以+1 递增，直到写满整个 EEPROM。

四、实验原理图

实验原理如图 4.7 所示。

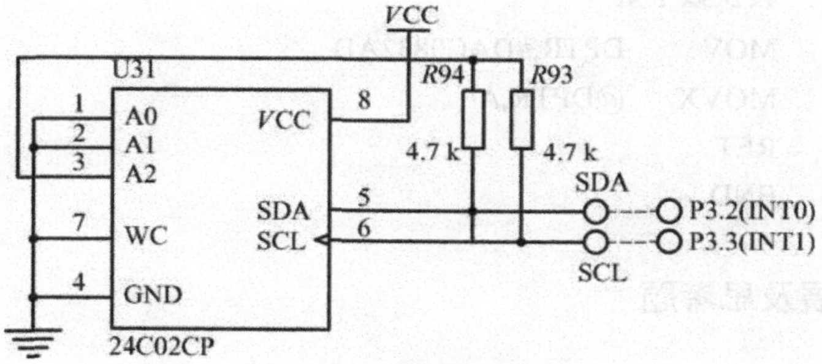

图 4.7　实验原理图

五、实验步骤

（1）主机连线说明（见表 4.6）：

表 4.6　主机连线

连线端	连接到	连线端
D3 区：SDA	——	A3 区：P3.2(INT0)
D3 区：SCL	——	A3 区：P3.3(INT1)
F5 区：JP65	——	A3 区：JP51(P1)

(2)运行程序：向 24C02A 写入数据，然后读出数据检验，检验正确，8 个发光管（F5 区）全亮；检验错误，8 个发光管（F5 区）全灭。

六、实验程序

1. 24C02A 子程序

```
SDA             BIT      P3.2              ;数据传输口
SCL             BIT      P3.3              ;时钟
;24C02 的片选地址：100H
A24C02_WRITE    EQU      0A8H              ;写指令
A24C02_READ     EQU      0A9H              ;读指令
;初始化
A24C02_INIT:    SETB     SCL               ;将 SCL,SDA 置位，释放 IIC 总线
                SETB     SDA
                RET
;写操作，分字节写和页写模式
;字节写，一次写入一个字节数据，A——写入地址，B——数据
Write_Byte:     PUSH     ACC               ;A 中地址压栈
                MOV      A,#A24C02_WRITE   ;写操作指令
                LCALL    Start             ;开始信号
                LCALL    Write_8bits       ;写入 8 位数据
                LCALL    Acknowledge       ;查询接收端应答信号
                POP      ACC               ;写入 A 中地址
                LCALL    Write_8bits
                LCALL    Acknowledge
                MOV      A,B               ;写入 B 中数据
                LCALL    Write_8bits
                LCALL    Acknowledge
                LCALL    Stop              ;结束信号
                LCALL    AckPolling        ;等待写操作完成
                RET
;页写，一次写入 8 个字节数据，A 中存放起始写入地址，R0 中存放数据首地址
Write_Page:     PUSH     07H
                MOV      R7,#8
                PUSH     ACC               ;A 中地址压栈
                MOV      A,#A24C02_WRITE   ;写操作指令
                LCALL    Start             ;开始信号
                LCALL    Write_8bits       ;写入 8 位数据
```

```
                        LCALL   Acknowledge         ;查询接收端应答信号
                        POP     ACC                 ;写入 A 中地址
                        LCALL   Write_8bits
                        LCALL   Acknowledge
                        PUSH    ACC
Write_Page_1:           MOV     A,@R0               ;缓存区数据逐一写入
                        LCALL   Write_8bits
                        LCALL   Acknowledge
                        INC     R0
                        DJNZ    R7,Write_Page_1     ;写 8 次
                        LCALL   Stop                ;结束信号
                        CLR     A
                        LCALL   AckPolling          ;等待写操作完成
                        POP     ACC
                        POP     07H
                        RET
;等待写操作完成
AckPolling:             MOV     A,#A24C02_Write     ;写操作指令
                        LCALL   Start               ;开始信号
                        LCALL   Write_8bits
                        SETB    SDA                 ;从机应答
                        SETB    SCL                 ;应答占用一个脉冲
                        LCALL   Delay_Time
                        JB      SDA,AckPolling      ;接收端应答标志:将 SDA 置低
                        CLR     SCL
                        LCALL   Stop                ;停止信号
                        RET
;读操作，分为字节读和连续读取操作
;字节读，一次读取一个字节，A——读取地址
Read_Byte:              PUSH    ACC                 ;A 中地址压栈
                        LCALL   Start               ;开始信号
                        MOV     A,#A24C02_Write     ;写操作指令
                        LCALL   Write_8bits
                        LCALL   Acknowledge
                        POP     ACC                 ;写入 A 中地址
                        LCALL   Write_8bits
                        LCALL   Acknowledge
;立即读，读取当前内部地址的数据，一个字节
Read_Current:           LCALL   Start               ;开始信号,下面读取数据
```

```
                    MOV     A,#A24C02_Read          ;读操作指令
                    LCALL   Write_8bits
                    LCALL   Acknowledge
                    LCALL   Read_8bits              ;读取数据，放在 A 中
                    LCALL   Stop                    ;停止信号
                    RET
;连续读取 n 个数据，A——读取首地址，B——存放读取数据个数
;R0——缓冲区
Read_Sequence:      PUSH    07H
                    PUSH    ACC
                    DEC     B
                    MOV     R7,B                    ;B 中存放读取数据个数
                    LCALL   Start                   ;开始信号
                    MOV     A,#A24C02_Write         ;写操作指令
                    LCALL   Write_8bits
                    LCALL   Acknowledge
                    POP     ACC
                    LCALL   Write_8bits
                    LCALL   Acknowledge
                    LCALL   Start                   ;开始信号,下面读取数据
                    MOV     A,#A24C02_Read          ;读操作指令
                    LCALL   Write_8bits
                    LCALL   Acknowledge
Read_Sequence_1:    LCALL   Read_8bits
                    LCALL   MasterACK
                    MOV     @R0,A                   ;将数据存到 R0 指向的 RAM 中
                    INC     R0
                    DJNZ    R7,Read_Sequence_1
                    LCALL   Read_8bits              ;最后一次读无应答
                    MOV     @R0,A
                    LCALL   Stop                    ;停止信号
                    POP     07H
Read_Sequence_2:    RET
;写入 8 位数据
Write_8bits:        PUSH    07H
                    MOV     R7,#8
Write_8bits_1:      RLC     A
                    CLR     SCL ;数据在 SCL 为低时 SDA 上的数据可以改变，此时送给欲写数据
                    LCALL   Delay_Time              ;延时
```

```
                MOV     SDA,C
                SETB    SCL
                LCALL   Delay_Time
                DJNZ    R7,Write_8bits_1
                CLR     SCL
                POP     07H
                RET
;读取 8 位数据
Read_8bits:     PUSH    07H
                MOV     R7,#8
Read_8bits_1:   CLR     SCL
                LCALL   Delay_Time
                SETB    SCL                 ;高电平读出数据
                MOV     C,SDA
                RLC     A
                DJNZ    R7,Read_8bits_1
                CLR     SCL
                POP     07H
                RET
;开始信号
Start:          SETB    SDA;I2C 总线操作开始信号：SCL 为高时，SDA 由高→低
                SETB    SCL
                LCALL   Delay_Time
                CLR     SDA
                LCALL   Delay_Time
                RET
;结束信号
Stop:           CLR     SDA ;I2C 总线操作结束信号：SCL 为高时，SDA 由低→高
                SETB    SCL
                LCALL   Delay_Time
                SETB    SDA             ;结束操作，将 SCL、SDA 置高，释放总线
                LCALL   Delay_Time
                RET
;应答查询
;从机应答
Acknowledge:    SETB    SDA                 ;从机应答
                SETB    SCL                 ;应答占用一个脉冲
                LCALL   Delay_Time
                JB      SDA,$               ;接收端应答标志:将 SDA 置低
```

```
                CLR     SCL
                RET
;主机应答
MasterACK:      CLR     SDA                 ;数据线 SDA 清 0 应答
                SETB    SCL                 ;产生一个脉冲令从机接收到应答
                LCALL   Delay_Time
                CLR     SCL
                SETB    SDA                 ;必须置高数据
                RET
;延时
Delay_Time:     RET
                END
```

2. 主程序（MAIN.ASM）

```
;写入数据,256 字节串行 E²PROM 顺序写入 00H-0FFH
A24C02_Write:   MOV     R7,#32      ;32 次页写，每次页写入 8 个字节，共 256 个字节
                MOV     R3,#00H             ;写入首地址
                MOV     R2,#VERIFYDATA      ;起始写入数据
A24C02_Write_1: MOV     R0,#buffer      ;写入数据先放在 buffer(30H 开始的内部 RAM)
A24C02_Write_2: MOV     @R0,02H
                INC     R0
                INC     R2
                CJNE    R0,#buffer+8,A24C02_Write_2 ;一页写入 8 个字节
                MOV     R0,#buffer
                MOV     A,R3
                LCALL   Write_Page
                MOV     A,R3
                ADD     A,#8
                MOV     R3,A
                DJNZ    R7,A24C02_Write_1
                RET
;检验数据,读出数据与写入数据一一对应相比较，检验写入是否正确
、
                MOV     R7,#0FFH        ;读取整个 EEPROM 内的数据，256 个字节
                MOV     R1,#buffer
                MOV     R2,#VERIFYDATA      ;数据检验
                MOV     B,#00H              ;检验 EEPROM 起始数据地址
A24C02_Verify_1: MOV    A,B
                LCALL   Read_Byte           ;读取数据
                XCH     A,R1
```

```
                  CJNE    A,#buffer + 30H,$+3   ;写入片内RAM，超过30H个字节,停止写入
                  XCH     A,R1
                  JNC     A24C02_Verify_3
                  MOV     @R1,A                 ;读出的数据顺序写入片内RAM,便于检查
                  INC     R1
A24C02_Verify_3:  CJNE    A,02H,A24C02_Verify_2
                  INC     R2
                  INC     B
                  DJNZ    R7,A24C02_Verify_1
                  CLR     F0                    ;F0为数据检验结果标志，0——正确
                  RET
A24C02_Verify_2:  SETB    F0                    ;1——检验错误
                  RET
```

七、实验扩展及思考题

学会使用24C02A的其余指令，如字节写入、连续读取等，进一步熟悉I^2C总线操作。

实验七　直流电机调速实验

一、实验目的

（1）了解光电开关测速原理；
（2）掌握使用单片机进行直流电机转速控制。

二、实验设备

SUN系列实验仪一套、PC机一台。

三、实验内容

1．转速控制原理

将设置的转速与当前测量的转速比较，得出差值用于控制DAC0832的输出电压，从而控制直流电机的转速，使转速逐渐达到设置转速。

2．实验过程

（1）将当前转速与设置转速（要求达到的转速）相比较，得出差值来调整DAC0832的输出

电压，逐步将转速控制到设置转速。

（2）在 LED 上显示设置转速（左 4 位 LED）和当前转速（右 4 位 LED），转速显示采用十进制。控制过程中，当前转速显示不断变化（直流电机转速范围 0 ~ 96 r/s，误差 ± 1 r/s）。

四、实验原理图

实验原理如图 4.8 所示。

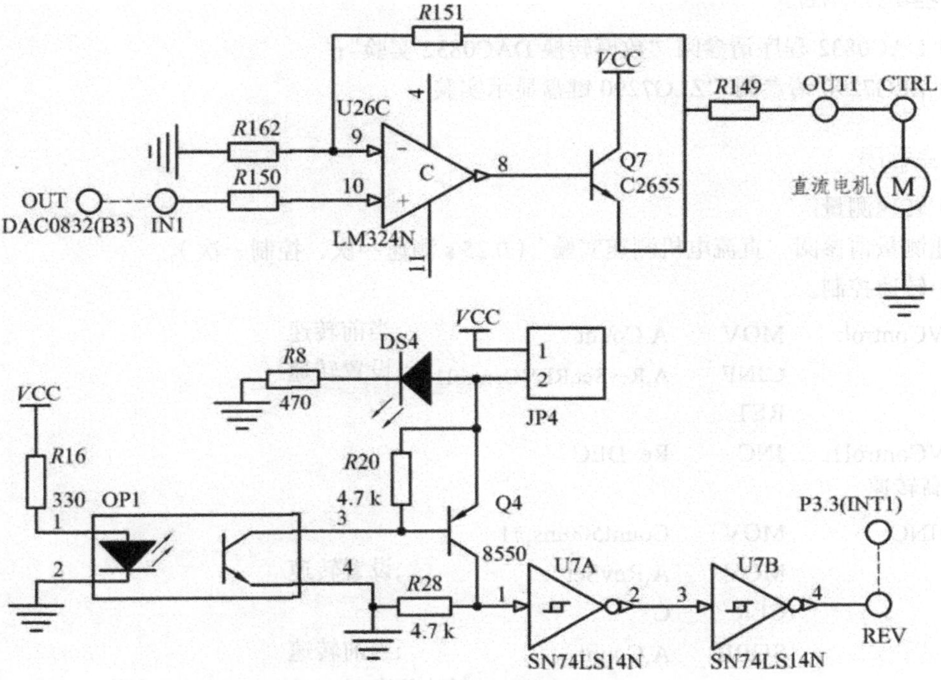

图 4.8　实验原理

五、实验步骤

（1）主机连线说明（见表 4.7）：

表 4.7　主机连线

连线端	连接到	连线端
B3 区：CS	——	A3 区：CS1
B3 区：OUT	——	E2 区：IN1
E1 区：CTRL	——	E2 区：OUT1
E1 区：REV	——	A3 区：P3.3(INT1)
D3 区：SDA、SCL、KEY	——	A3 区：P1.0、P1.1、P3.2(INT0):按键中断
D3 区：A、B、C、D	——	F4 区：A、B、C、D

（2）设置要求达到的转速，显示在 LED 上（左 4 位）；测量当前转速，显示在 LED 上（右 4 位）。

（3）比较设置转速与测量的当前转速，得出差值，用于调整 DAC0832 的输出电压，控制电机转速达到设置的转速（可以看到 LED 上显示的当前转速迅速靠近设置转速）。

六、实验程序

1. 基本控制程序

（1）DAC0832 程序请参阅“数模转换 DAC0832 实验”；

（2）ZLG7290 请参阅“ZLG7290 键盘显示实验”。

2. 主程序

（1）转速测量。

转速测量请参阅“直流电机测速实验”（0.25 s 测速一次，控制一次）。

（2）转速控制。

```
REVControl:    MOV     A,Count                 ;当前转速
               CJNE    A,RevSet,REVControl1    ;设置转速
               RET
REVControl1:   JNC     RevDEC
;提高转速
RevINC:        MOV     Count500ms,#1
               MOV     A,RevSet                ;设置转速
               CLR     C
               SUBB    A,Count                 ;当前转速
RevINC1:       ADD     A,Data_0832             ;转速差值+上一次DAC0832输入值=DAC0832输入值
               JNC     RevINC2                 ;判断是否超过 DAC0832 最大输入值
               MOV     A,#0FFH
RevINC2:       MOV     Data_0832,A
               LCALL   DAC                     ;D/A,调整 DAC0832 输出电压
               RET
;降低转速
RevDEC:        MOV     A,Count                 ;当前转速
               CLR     C
               SUBB    A,RevSet                ;设置转速
               CJNE    A,#40,$+3
               JNC     RevDEC1
               MOV     B,A                     ;减速变化
               MOV     A,Count500ms
               JZ      RevDEC3
```

```
            MOV     Count500ms,#0
            MOV     A,B
RevDEC1:    XCH     A,Data_0832
            CLR     C
            SUBB    A,Data_0832      ;上一次DAC0832输入值－转速差值=DAC0832输入值
            JNC     RevDEC2
            MOV     A,#10
RevDEC2:    MOV     Data_0832,A
            LCALL   DAC              ;D/A，调整DAC0832输出电压
            RET
RevDEC3:    INC     Count500ms       ;减速，500 ms判断一次
            RET
```

七、实验扩展及思考题

本实验采用差值法控制转速，现请使用其他的方法控制转速，实现更精确、快速的转速控制。

第五章　软件仿真实验

本章通过数字电压表、交通灯控制、电子密码锁、DS18B20多点温度监测传输系统、STH11数字温湿度测量五个实验，使学生熟悉单片机仿真软件 Proteus 的使用。软件仿真实验对学生综合设计实验、课程设计、毕业设计、学科竞赛、创新实验等都有很大帮助。借助 Proteus 软件加快电路系统开发的速度，缩短开发时间，节约开发成本，提高电子产品开发效率。

一、Proteus 软件简介

Proteus ISIS 是英国 Labcenter 公司开发的电路分析与实物仿真软件。它运行于 Windows 操作系统上，可以仿真、分析（SPICE）各种模拟器件和集成电路，该软件的特点是：

（1）实现单片机仿真和 SPICE 电路仿真相结合，具有模拟电路仿真、数字电路仿真、单片机及其外围电路组成的系统仿真、RS232 动态仿真、I^2C 调试器、SPI 调试器、键盘和 LCD 系统仿真的功能；包含各种虚拟仪器，如示波器、逻辑分析仪、信号发生器等。

（2）支持主流单片机系统的仿真。目前支持的单片机类型有：68000 系列、8051 系列、AVR 系列、PIC12 系列、PIC16 系列、PIC18 系列、Z80 系列、HC11 系列以及各种外围芯片。

（3）提供软件调试功能。在硬件仿真系统中具有全速、单步、设置断点等调试功能，同时可以观察各个变量、寄存器等的当前状态，因此在该软件仿真系统中，也必须具有这些功能；同时支持第三方的软件编译和调试环境，如 Keil C51 μVision4 等软件。

（4）具有强大的原理图绘制功能。总之，该软件是一款集单片机和 SPICE 分析于一身的仿真软件，功能极其强大。

二、工作界面

Proteus ISIS 的工作界面是一种标准的 Windows 界面，如图 5.1 所示。包括：标题栏、主菜单、标准工具栏、绘图工具栏、状态栏、对象选择按钮、预览对象方位控制按钮、仿真进程控制按钮、预览窗口、对象选择器窗口、图形编辑窗口。

1. 模型选择工具栏（Mode Selector Toolbar）

（1）选择元件（components）（默认选择的）；

（2）放置连接点；

（3）放置标签（用总线时会用到）；

（4）放置文本；

（5）用于绘制总线；

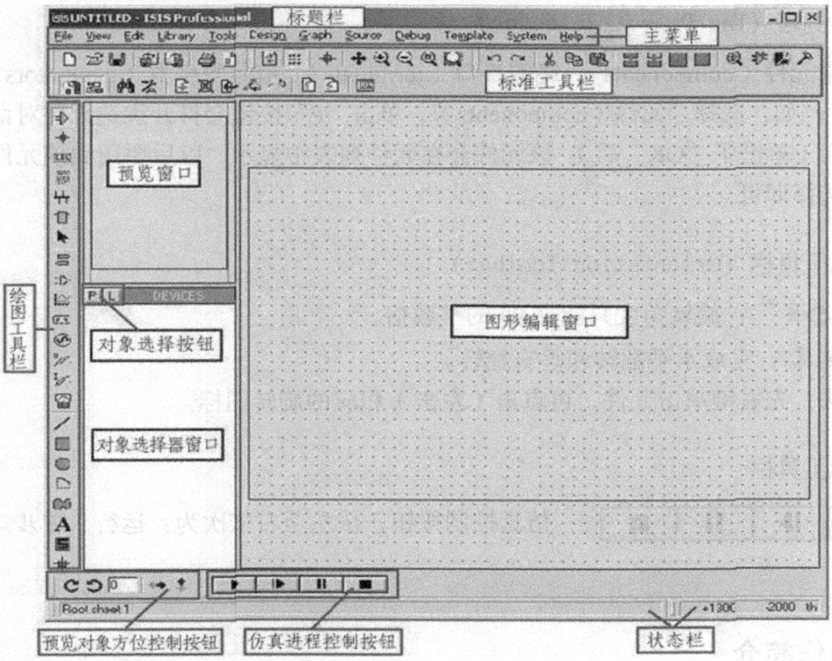

图 5.1　Proteus 工作界面

（6）用于放置子电路；

（7）用于即时编辑元件参数（先单击该图标再单击要修改的元件）。

2. 配件（Gadgets）

（1）终端接口（terminals）：有 V_{CC}、地、输出、输入等接口；

（2）器件引脚：用于绘制各种引脚；

（3）仿真图表（graph）：用于各种分析，如噪声分析；

（4）录音机；

（5）信号发生器（generators）；

（6）电压探针：使用仿真图表时要用到；

（7）电流探针：使用仿真图表时要用到；

（8）虚拟仪表：有示波器等。

3. 2D 图形（2D Graphics）

（1）画各种直线；

（2）画各种方框；

（3）画各种圆；

（4）画各种圆弧；

（5）画各种多边形；

（6）画各种文本；

（7）画符号；

（8）画原点等。

4. 元件列表（The Object Selector）

用于挑选元件（components）、终端接口（terminals）、信号发生器（generators）、仿真图表（graph）等。例如，选择“元件（components）”，单击“P”按钮会打开挑选元件对话框，当选择了一个元件后（单击了“OK”后），该元件会在元件列表中显示，以后要用到该元件时，只需在元件列表中选择即可。

5. 方向工具栏（Orientation Toolbar）

旋转 ：旋转角度只能是 90 的整数倍。

翻转 ：完成水平翻转和垂直翻转。

使用方法：先右键单击元件，再点击（左击）相应的旋转图标。

6. 仿真工具栏

：仿真控制按钮，从左至右依次为：运行、单步运行、暂停、停止。

三、操作简介

绘制原理图要在原理图编辑窗口中的蓝色方框内完成。原理图编辑窗口的操作是不同于常用的 Windows 应用程序的，正确的操作是：用左键放置元件，右键选择元件，双击右键删除元件；右键拖选多个元件；先右键后左键编辑元件属性；先右键后左键拖动元件；连线用左键，删除用右键；改链接线：先右击连线，再左键拖动；中键放缩原理图。

四、预览窗口（The Overview Window）

该窗口通常显示整个电路图的缩略图。在预览窗口上点击鼠标左键，将会有一个矩形蓝绿框标示出在编辑窗口的中显示的区域。

五、Proteus 库文件

Proteus 中共有 36 种类别元件库及超过 8 000 种以上的具体元件。

库元件分类说明（见表 5.1）：

表 5.1　库元件分类说明

Analog Ics	模拟电路集成库
Capacitors	电容库
CMOS 4000 series	CMOS 4000 库
Connectors	插座，插针，等电路接口链接库
Data Converters	ADC 模/数，DAC 数/模

续表

Debugging Tools	调试工具
Diodes	二极管库
ECL 10000 Series	ECL 10000 库
Electromechanical	电机库
Inductors	电感库
Laplace Primitives	拉普拉斯变换库
Memory ICs	存储元件库
Microprocessor ICs	CPU 库
Miscellaneous	元件混合类型库
Modeling Primitives	简单模式库
Operational Amplifiers	运放库
Optoelectronics	光电元件库
PLDs & FPGAs	可编程逻辑器件
Resistors	电阻库
Simulator Primitives	简单类模拟元件库
Speakers & Sounders	扬声器、蜂鸣器库
Switches & Relays	开关及继电器库
Switching Devices	开关类元件库
Thermionic Valves	热电子元件库
Transducers	晶体管库
Transistors	晶体管库
TTL74	余下皆为 TTL74 或 TTL74LS 系列库

常用元件对应搜索关键字（只列举了少部分常用元件为主）（见表 5.2）：

表 5.2　常用元件对应关键字

数码管	7SEG
电阻	RES
电容	CAP
二极管	LED
晶振	CRYSTAL
液晶	LCD
开关	SWITCH
按键开关	BUTTON

续表

电池	BATTERY
马达电机	MOTOR
或与非门	OR AND NOT
可变电阻器	POT-LIN
扬声/蜂鸣器	SPEAKERS
拨码开关	DIPSW
排阻	RESPACK

Proteus 中的元件并不是很全，有时需要添加第三方库文件才可进行仿真，可以通过以下两种方式进行添加：

（1）将第三方库文件拷贝到 Proteus 程序目录下的 LIBRARY 目录下，相应的元件模型文件也要拷贝到 MODELS 目录下。

（2）将第三方库文件统一放至一个文件夹下，同时元件模型文件也统一放置在一个文件夹内，打开 Proteus 菜单“SYSTEM”下的“SET PATH…”，在弹出的 Path Configuration 对话框的“Library folder”中添加库文件目录，在“Simulation and folders”中添加模型文件目录。元件库如图 5.2 所示。

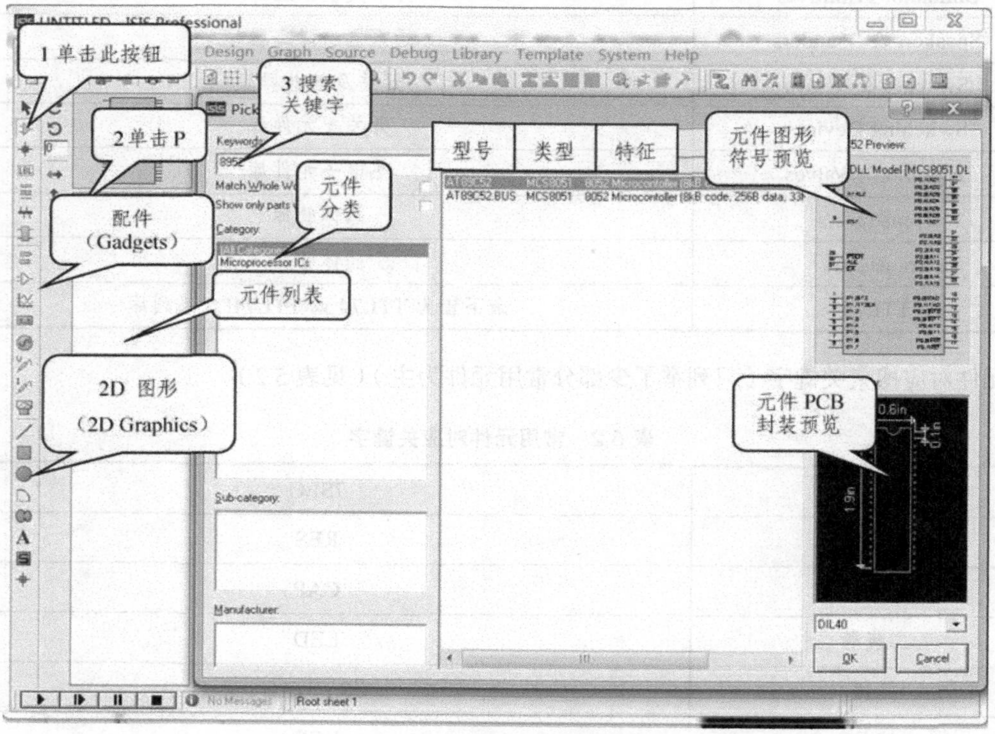

图 5.2　元件库说明图

点击 Proteus 左侧工具栏 ，进入元件模式，再次点击 P 按钮，即可调出元件库，在搜索关键词部分，键入元件的关键字，如果库中有相应元件，会在元件区域列出所选元件，双击，将元件添加到电路图的 DEVICES 区，如图 5.3 所示。单击 DEVICES 区域元件，在电路图合适的空白区域单击，即可放置相应元件。

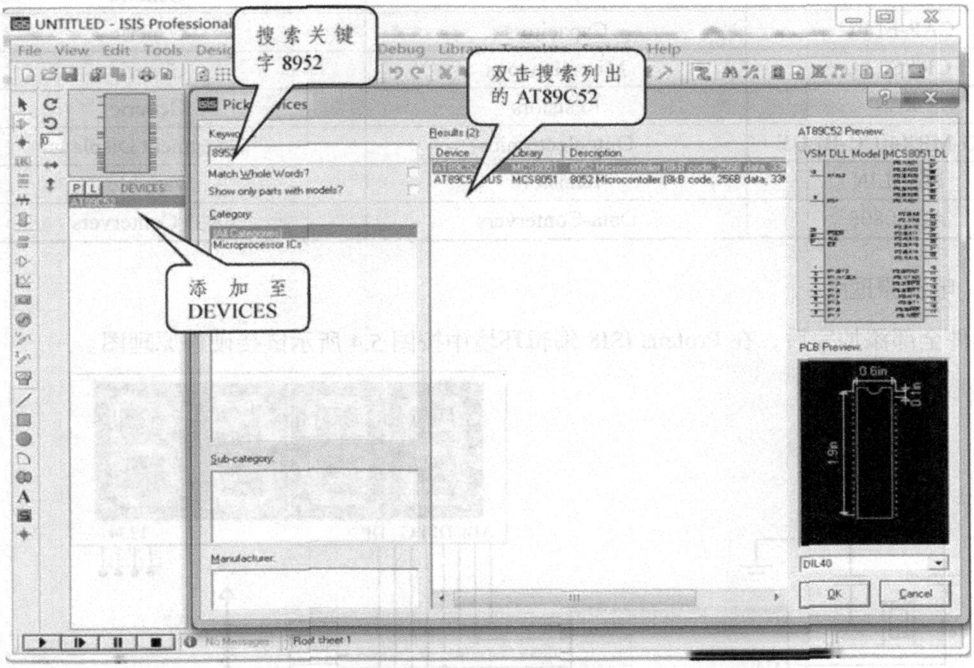

图 5.3　元件查找及添加

实验一　数字电压表实验

一、实验目的

（1）掌握 AT89C51 与 A/D 转换器件 ADC0808（ADC0809）接口电路的设计方法；
（2）掌握 Proteus 软件与 Keil μVision 软件的使用方法。

二、实验内容

利用单片机 AT89C51 与 A/D 转换器件 ADC0808（ADC0809）设计一个数字电压表，能够测量 0 ~ 5 V 之间的直流电压值，并用 4 位数码管实时显示该电压值。

三、电路设计

1. 元件清单列表

打开 Proteus ISIS 编辑环境，按表 5.3 所列元件清单添加元件。

表 5.3　元件清单

元件清单	所属类	所属子类
AT89C51	Microprocessor ICs	8051 Family
CAP	Capacitors	Generic
CAP-ELEC	Capacitors	Generic
CRYSTAL	Miscellaneous	Generic
RES	Resistors	Generic
7SEG-MPX4-CC-BLUE	Optoelectronics	7-Segment Displays
POT-LIN	Resistors	Variable
ADC0808	Data-Contervers	A/D Contervers

2. 电路原理图

元件全部添加完后，在 Proteus ISIS 编辑环境中按图 5.4 所示链接硬件原理图。

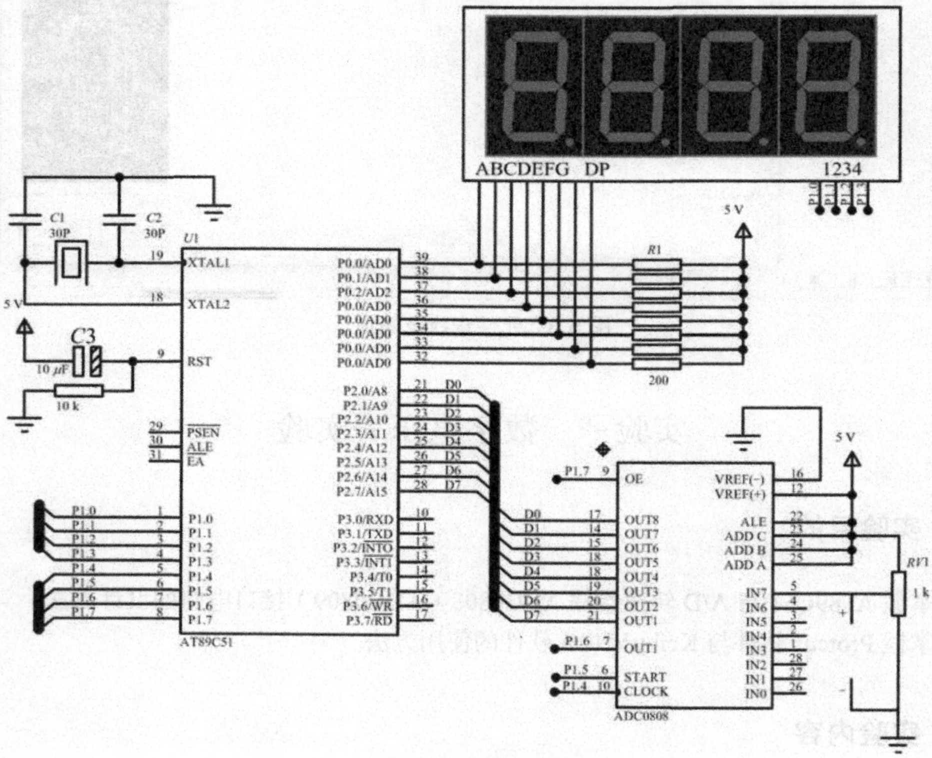

图 5.4　电路原理图

四、实验程序

```
LED_0    EQU  30H                        ;个位
LED_1    EQU  31H                        ;十位
LED_2    EQU  32H                        ;百位
LED_3    EQU  33H                        ;存放千位段码
```

```
ADC      EQU 35H
CLOCK    BIT  P1.4                 ;定义 0809 时钟位
ST       BIT  P1.5
EOC      BIT  P1.6
OE       BIT  P1.7
ORG00H
SJMP     START
ORG0BH
LJMP     INT_T0
ORG30H
START:   MOV     LED_0,#00H
         MOV     LED_1,#00H
         MOV     LED_2,#00H
         MOV     DPTR,#TABLE            ;段码表首地址
         MOV     TMOD,#02H
         MOV     TH0,#245
         MOV     TL0,#00H
         MOV     IE,#82H
         SETB    TR0
WAIT:    CLR     ST
         SETB    ST
         CLR     ST                     ;启动 AD 转换
         JNB     EOC,$                  ;等待转换结果
         SETB    OE
         MOV     ADC,P2             ;读取 AD 转换结果
         CLR     OE
         MOV     A,ADC              ;AD 转换结果转换成 BCD 码
         MOV     R7,A
         MOV     LED_3,#00H
         MOV     LED_2,#00H
         MOV     A,#00H
LOOP1:   ADD     A,#20H             ;一位二进制码对应 20 mV 电压值
         DA  A
         JNC LOOP2
         MOV     R4,A
         INC LED_2
         MOV     A,LED_2
         CJNE    A,#0AH,LOOP4
         MOV     LED_2,#00H
         INC LED_3
```

```
LOOP4:  MOV     A,R4
LOOP2:  DJNZ    R7,LOOP1
        ACALL   BTOD1
        LCALL   DISP
        SJMP    WAIT
        ORG     200H
BTOD1:  MOV     R6,A
        ANLA,#0F0H
        MOV     R5,#4
LOOP3:  RR  A
        DJNZ    R5,LOOP3
        MOV     LED_1,A
        MOV     A,R6
        ANLA,#0FH
        MOV     LED_0,A
        RET
INT_T0: CPL CLOCK                       ;提供 0809 时钟信号
        RETI
DISP:   MOV     A,LED_0         ;显示子程序
        MOVC    A,@A+DPTR
        CLR     P1.3
        MOV     P0,A
        LCALL   DELAY
        SETB    P1.3
        MOV     A,LED_1
        MOVC    A,@A+DPTR
        CLR     P1.2
        MOV     P0, A
        LCALL DELAY
        SETB    P1.2
        MOV     A, LED_2
        MOVC    A,@A+DPTR
        CLR     P1.1
        MOV     P0, A
        LCALL   DELAY
        SETB    P1.1
        MOV     A, LED_3
        MOVC    A,@A+DPTR
        CLR     P1.0
        MOV     P0, A
```

```
        LCALL   DELAY
        SETB    P1.0
        RET
DELAY:  MOV     R6,#10                  ;延时 5 ms
D1:     MOV     R7,#250
        DJNZ    R7,$
        DJNZ    R6,D1
        RET
TABLE:  DB  3FH,06H,5BH,4FH,66H         ;共阴数码管 7 段值
        DB  6DH,7DH,07H,7FH,6FH
        END
```

五、Proteus 调试与仿真

（1）打开 Keil μVision，新建 Keil 项目，选择 AT89C51 单片机作为 CPU，新建汇编源文件，编写程序，并将其导入到“Source Group 1”中，在“Options for Target”对话窗口中，选中“Output”选项卡中的“Create HEX File”选项，编译汇编源程序。

（2）在 Proteus ISIS 中，选中 AT89C51 并单击鼠标左键，打开“Edit Component”对话窗口，设置单片机晶振频率为 12 MHz，在此窗口中的“Program File”栏中，选择步骤（1）用 Keil 生成的 HEX 文件，在 Proteus ISIS 中保存设计。

（3）点击 Proteus ISIS 中 ▶ 按钮，在 ProteusISIS 界面中，调节电位器，数码管显示的电压值随着电位器的调节实时发生变化，如图 5.5 所示。

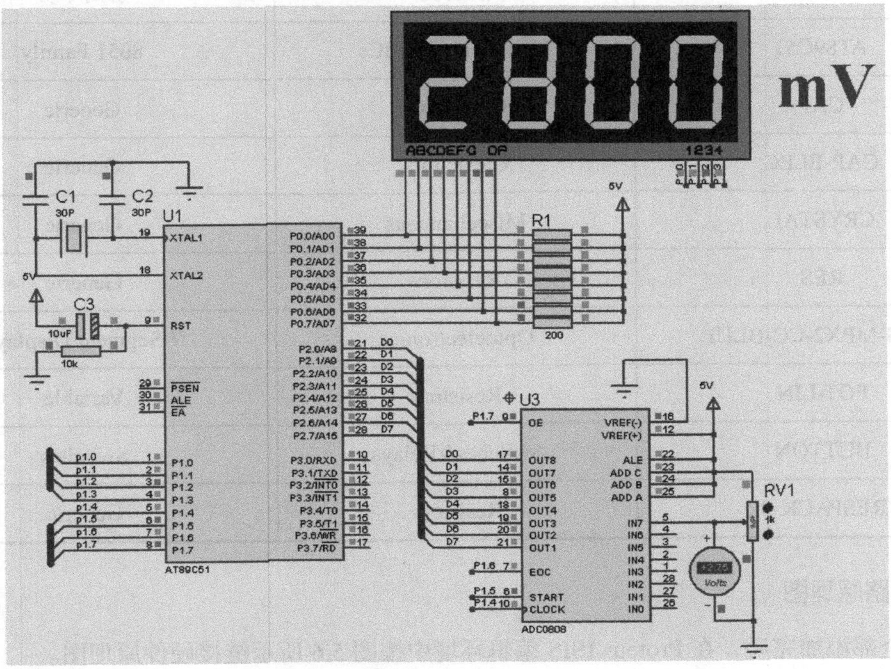

图 5.5　仿真结果

实验二　交通灯控制

一、实验目的

（1）掌握定时器、中断的使用；
（2）学习交通灯接口电路的设计方法；
（3）掌握 Proteus 软件与 Keil μVision 软件的使用方法。

二、实验内容

利用 AT89C51 单片机、数码管、发光二极管等设计十字路口交通灯，具有倒计时、功能设置等。

三、电路设计

1. 元件清单列表

打开 Proteus ISIS 编辑环境，按表 5.4 所列元件清单添加元件。

表 5.4　元件清单

元件清单	所属类	所属子类
AT89C51	Microprocessor ICs	8051 Family
CAP	Capacitors	Generic
CAP-ELEC	Capacitors	Generic
CRYSTAL	Miscellaneous	Generic
RES	Resistors	Generic
7SEG-MPX2-CC-BLUE	Optoelectronics	7-Segment Displays
POT-LIN	Resistors	Variable
BUTTON	Switches&Relays	Switches
RESPACK-8	Resistors	Generic

2. 电路原理图

元件全部添加完后，在 Proteus ISIS 编辑环境中按图 5.6 所示链接硬件原理图。

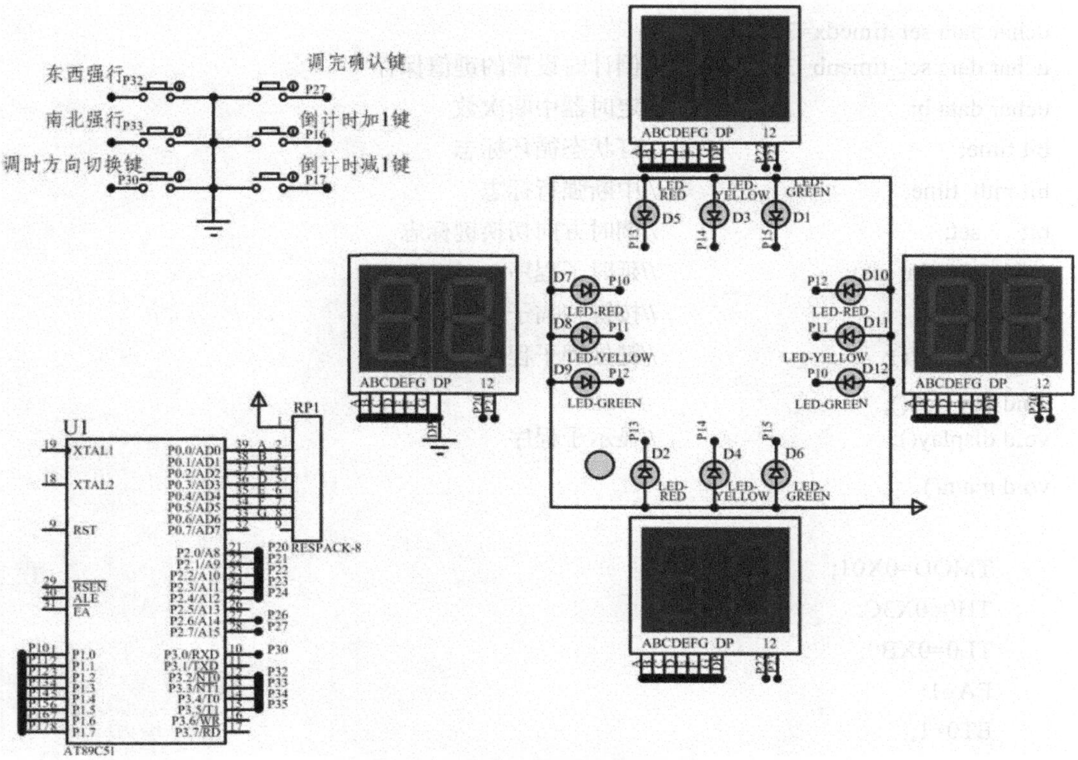

图 5.6 交通灯控制硬件原理图

四、实验程序

```
#include <reg51.h>
#include <intrins.h>
#define uchar unsigned char
#define uint    unsigned int
sbit    k1=P1^6;
sbit    k2=P1^7;
sbit    k3=P2^7;
sbit    k4=P3^0;
sbit yellowled_nb=P1^4;         //南北黄灯
sbit yellowled_dx=P1^1;         //东西黄灯
uchar code table[11]={0x3f,0x06,0x5b,0x4f,0x66,0x6d,0x7d,0x07,0x7f,0x6f,0x00};
uchar data dig;                 //位选
uchar data led;                 //偏移量
uchar data buf[4];
uchar data sec_dx=39;                //东西数码指示值
uchar data sec_nb=39;                //南北数码指示值
```

```
uchar data set_timedx=39;
uchar data set_timenb=39;                //倒计时设置的键值保存
uchar data b;                            //定时器中断次数
bit time;                                //灯状态循环标志
bit int0_time;                           //中断强行标志
bit     set;                             //调时方向切换键标志
void delay(int ms);                      //延时子程序
void key();                              //按键扫描子程序
void key_to1();                          //键处理子程序
void key_to2();
void display();                          //显示子程序
void main()
{
    TMOD=0X01;
    TH0=0X3C;
    TL0=0XB0;
    EA=1;
    ET0=1;
    TR0=1;
    EX0=1;
    EX1=1;
    P1=0Xf3;                             //东西通行
    while(1)
    {   key();                           //调用按键扫描程序
        display();                       //调用显示程序
    }
}
void key()                          //按键扫描子程序
{
    if(k1!=1)
    {
        delay(10);
        if(k1!=1)
        {
            while(k1!=1);
            key_to1();
        }
    }
```

```
if(k2!=1)
{
    delay(10);
    if(k2!=1)
    {
        while(k2!=1);
        key_to2();
    }
}
  if(k4!=1)
 {
     delay(10);
     if(k4!=1)
     {
        while(k4!=1);
         set=!set;
     }
 }
if(k3!=1&&int0_time==1)
{
    TR0=1;                                  //启动定时器
    sec_nb=59;
    sec_dx=59;
    int0_time=0;//清标志
 }
     else if(k3!=1&&int0_time==0)
    {
        TR0=1;
        set_timenb=sec_nb;
        set_timedx=sec_dx;          //设置的键值返回保存
    }
}

void display()
{
    buf[1]=sec_dx/10;               //第 1 位：东西秒十位
    buf[2]=sec_dx%10;                       //第 2 位：东西秒个位
    buf[3]=sec_nb/10;               //第 3 位：南北秒十位
```

```
        buf[0]=sec_nb%10;                   //第 4 位：南北秒个位
        P0=table[buf[led]];
        delay(2);                           //先延时，提前显示一位了
        P2=dig;
        dig=_crol_(dig,1);
        led++;
        if (led==4)
        {led=0;
        dig=0xfe;
        }
}
void time0(void) interrupt 1 using 1      //定时中断子程序
{
        b++;
        if(b==10)                           //定时器中断次数
        {
            b=0;
            sec_dx--;
            sec_nb--;
   /******************南北黄灯闪烁判断*************************/
            if(sec_nb==3&&time==0)
                {
                 yellowled_nb=1;            //南北黄灯亮
                 delay(300);
                 yellowled_nb=0;
                 }
                if(sec_nb==2&&time==0)
                {
                yellowled_nb=1;             //南北黄灯亮
                 delay(300);
                 yellowled_nb=0;
                }
                if(sec_nb==1&&time==0)
                {
                yellowled_nb=1;
                 delay(300);
                 yellowled_nb=0;
                }
```

```
/*******************东西黄灯闪判断***********************/
        if(sec_dx==3&&time==1)
        {
          yellowled_dx=1;                    //南北黄灯亮
          delay(300);
          yellowled_dx=0;
        }
          if(sec_dx==2&&time==1)
          {
          yellowled_dx=1;                        //南北黄灯亮
           delay(300);
           yellowled_dx=0;
          }
          if(sec_dx==1&&time==1)
          {
          yellowled_dx=1;
           delay(300);
           yellowled_dx=0;
          }
          if(sec_dx==0||sec_nb==0)           //东西或南北先到达 1 s 时即开始重新计时
          {
              sec_dx=set_timedx;
              sec_nb=set_timenb;             //第一次循环结束重置
              if(time==1)
              {
                  P1=0XF3;                   //东西通行
              }
              else
              {
                  P1=0xde;                   //南北通行
              }
              time=!time;                    //取反
          }
    }
}

void key_to1()
```

```
{
    TR0=0;                              //关定时器
    if(set==0)
    sec_nb++;                           //南北加 1S
    else
    sec_dx++;                           //东西加 1S
    if(sec_nb==100)
        sec_nb=1;
    if(   sec_dx==100)
        sec_dx=1;                       //加到 100 置 1
}
void key_to2()
{
    TR0=0;                              //关定时器
    if(set==0)
    sec_nb--;                           //南北减 1 s
    else
    sec_dx--;                           //东西减 1 s
    if(sec_nb==0)
        sec_nb=99;
    if(sec_dx==0 )
        sec_dx=99;                      //减到 0 重置 99
}
void int0(void) interrupt 0 using 1     //东西强行
{
    TR0=0;
    P1=0XF3;
    sec_dx=88;
    sec_nb=88;
    int0_time=1;
}
void int1(void) interrupt 2 using 1     //南北强行
{
    TR0=0;
    P1=0XDE;
    sec_nb=88;
    sec_dx=88;
    int0_time=1;
```

```
}
void delay(int ms)
{
    uint j,k;
    for(j=0;j<ms;j++)
    for(k=0;k<124;k++);
}
```

五、Proteus 调试与仿真

（1）打开 Keil μVision，新建 Keil 项目，选择 AT89C51 单片机作为 CPU，新建汇编源文件，编写程序，并将其导入到“Source Group 1”中，在“Options for Target”对话窗口中，选中“Output”选项卡中的“Create HEX File”选项，编译汇编源程序。

（2）在 Proteus ISIS 中，选中 AT89C51 并单击鼠标左键，打开“Edit Component”对话窗口，设置单片机晶振频率为 12MHz，在此窗口中的“Program File”栏中，选择步骤（1）用 Keil 生成的 HEX 文件，在 Proteus ISIS 中保存设计。

（3）点击 Proteus ISIS 中 ▶ 按钮，在 ProteusISIS 界面中，调节电位器，数码管显示的电压值随着电位器的调节实时发生变化，如图 5.7 所示。

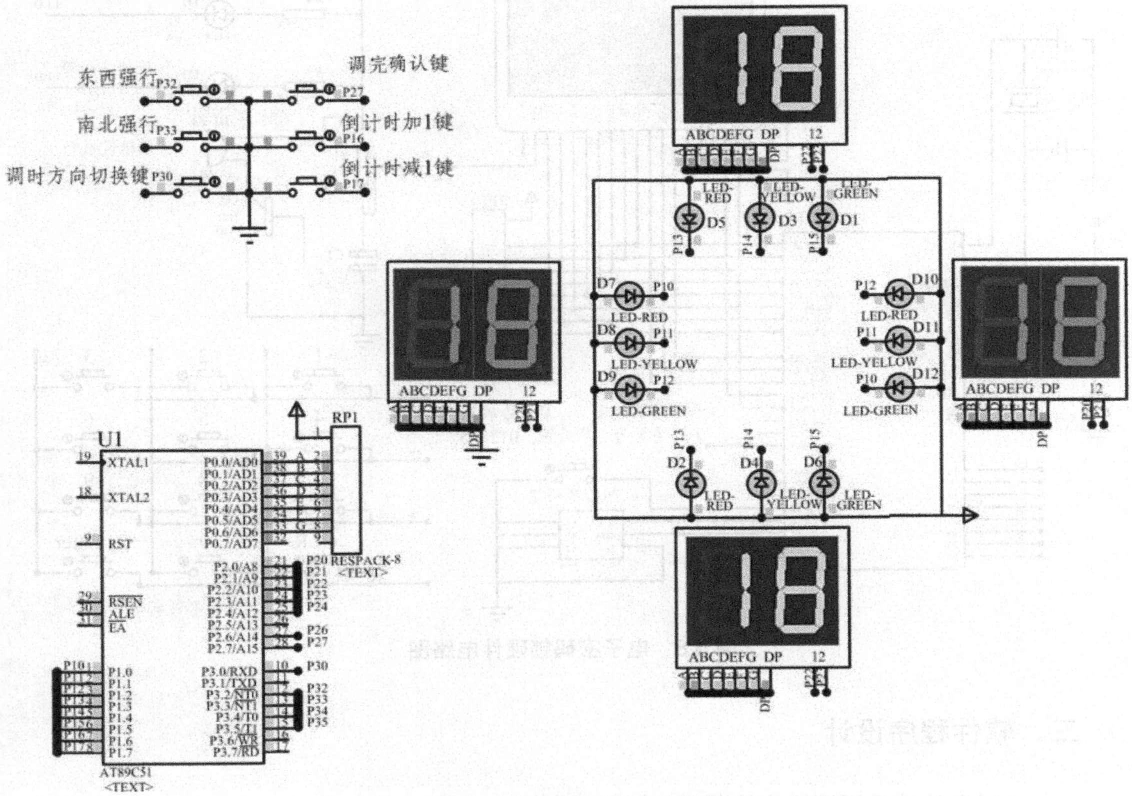

图 5.7　交通灯控制仿真结果

实验三　电子密码锁

一、功能要求

利用 AT89C51 单片机设计电子密码锁，密码由 0 ~ 9 十个按键输入密码，单击“Enter”键确认，当输入密码与预设密码一致时，锁开信号灯亮，模拟锁被打开；当密码不一致时要求重新输入，如果三次输入密码不一致，则发出声、光报警。具有密码重置功能，重置密码存入串行 EEPROM 芯片 AT24C01 中，掉电后密码不会丢失。

二、硬件电路图

如图 5.8 所示为电子密码锁的硬件电路图，单片机控制整个密码锁的全部功能。键盘输入采用 4×4 矩阵键盘，用于密码输入和修改，初始密码按键在系统启动时按下，初始密码设置为 012345。显示器采用无字库 12864 图形液晶模块，密码输入时不显示密码数字，以“*”代替，提高密码锁的可靠性，要求密码掉电后重置密码不会丢失，重置密码储存在串行 EEPROM 芯片 AT24C01 中，若发生三次密码输入错误，通过蜂鸣器和发光二极管进行报警。

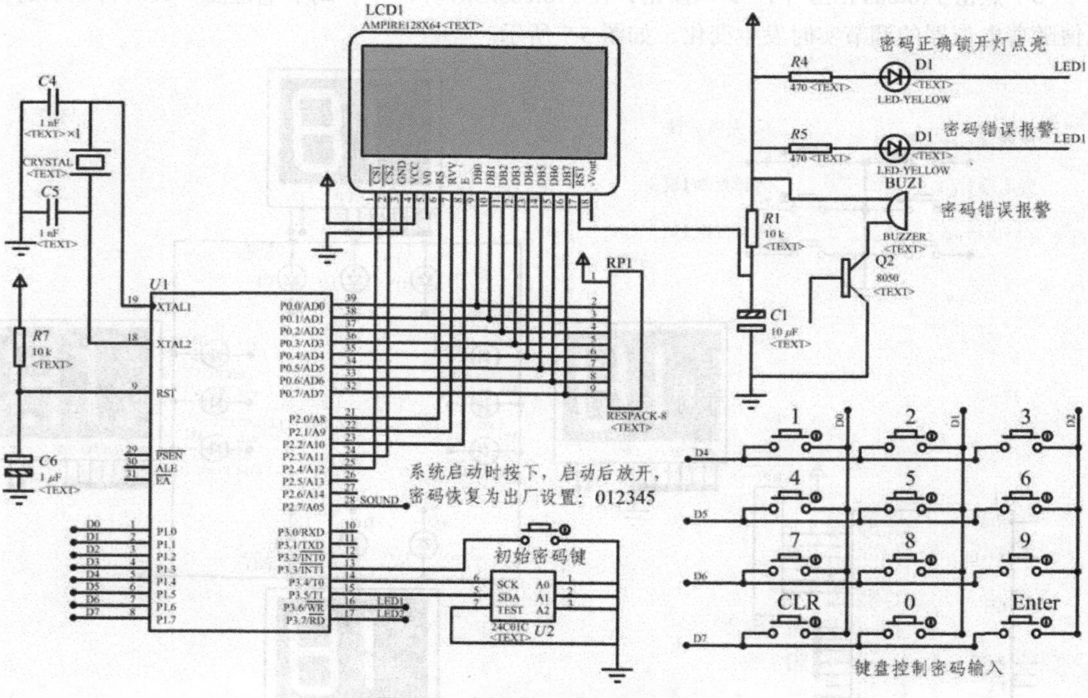

图 5.8　电子密码锁硬件电路图

三、软件程序设计

电子密码锁软件采用模块化编写，包括主程序模块（main.c）、键盘处理模块（keyinput.h）、液晶显示模块（12864.h）和串行 EEPROM 模块（24C01.h）等。

1. 主程序模块 main.c 程序

```
#include<reg51.h>
#include<keyinput.h>
#include<12864.h>
#include<24C01.h>
#define uchar unsigned char
#define uint unsigned int
sbit LED1=P3^6;
sbit LED2=P3^7;
sbit SOUND=P2^7;
sbit INIT=P3^3;
uchar idata key[6]={0,0,0,0,0,0};
uchar idata iic[6]={0,1,2,3,4,5};
/************************ 密码校验函数 **************************/
void press(uchar *s)
{
        uchar dat;
        P1=0xf0;                                        //第一位密码
        while(P1==0xf0);
        dat=key_scan();
        if((dat!=0x0a)&&(dat!=0x0b))
        {    *s=dat;
          Left();
          star_12864(star,0x05,16);
        }
        s++;
        P1=0xf0;                                        //第二位密码
        while(P1==0xf0);
        dat=key_scan();
        if((dat!=0x0a)&&(dat!=0x0b))
        {    *s=dat;
           Left();
           star_12864(star,0x05,24);
        }
        s++;
        P1=0xf0;                                        //第三位密码
        while(P1==0xf0);
```

```
dat=key_scan();
if((dat!=0x0a)&&(dat!=0x0b))
{     *s=dat;
     Left();
     star_12864(star,0x05,32);
 }
s++;
P1=0xf0;                                   //第四位密码
while(P1==0xf0);
dat=key_scan();
if((dat!=0x0a)&&(dat!=0x0b))
{     *s=dat;
     Left();
     star_12864(star,0x05,40);
 }
s++;
P1=0xf0;                                   //第五位密码
while(P1==0xf0);
dat=key_scan();
if((dat!=0x0a)&&(dat!=0x0b))
{     *s=dat;
     Left();
     star_12864(star,0x05,48);
 }
s++;
P1=0xf0;                              //第六位密码
while(P1==0xf0);
dat=key_scan();
if((dat!=0x0a)&&(dat!=0x0b))
{     *s=dat;
     Left();
     star_12864(star,0x05,56);
}
do{P1=0xf0;                           //键入 Enter 键盘继续执行下面语句，否则等待
   while(P1==0xf0);
    dat=key_scan();
    }
 while(dat!=0x0b);
}
```

```
/**************************** 延时 10 ms 函数 ***************************/
void Delay10ms(void)
{    uint i,j,k;
     for(i=5;i>0;i--)
     for(j=4;j>0;j--)
     for(k=248;k>0;k--);
}
/****************************** 主函数 ********************************/
void main()
{          uchar dat;
        uchar i=0,j=0,k;
        uchar x;
        LED1=1;
        LED2=1;
        SOUND=0;
        INIT=1;
         if(INIT==0)       //密码初始化，先从 IIC 器件中读出密码以供下面输入密码进行比较
           {     x=SendB(iic,0x50,6);
           Delay10ms();
           }
        x=ReadB(iic,0x50,6);
        Init_12864();
        for(i=0;i<50;i++){Delay10ms();}
        do{                                          //若密码不正确，循环执行 do{}while（ ）
            LED1=1;
            System();                                    //显示：请输入密码
            press(key);
if((key[0]==iic[0])&&(key[1]==iic[1])&&(key[2]==iic[2])&&(key[3]==iic[3])&&(key[4]==iic[4])&&
(key[5]==iic[5]))
        //密码比较，若密码正确则进入系统，若密码不正确则显示密码错误，重新输入密码
                { true();
                do {
                    P1=0xf0;                //键入 1 或 2 继续执行下面语句，否则等待
                     while(P1==0xf0);
                       dat=key_scan();
                    }
                  while(dat!=0x01&&dat!=0x02);
                if(dat==1 )                                  //开锁
                  {           LED1=0; j=0;
```

```
                unlock();
                for(i=0;i<100;i++){Delay10ms();}
                 continue;
            }
            if(dat==2)                              //修改密码
              {      do{
                  j=0;
                System();
                 press(key);
                 again();
                 press(iic);
if((key[0]==iic[0])&&(key[1]==iic[1])&&(key[2]==iic[2])&&(key[3]==iic[3])&&(key[4]==iic[4])&&
(key[5]==iic[5]))
                {       succeed();                  //修改密码成功
                 for(i=0;i<100;i++){Delay10ms();}
                  Delay10ms();
                   x=SendB(iic,0x50,6);
                 Delay10ms();
                   x=ReadB(iic,0x50,6);break;
                 }
                 else                               //修改密码不成功，重新修改
                        {  repeat();
                     for(i=0;i<100;i++){Delay10ms();}
                        }
                 }while(1);
            }
        }
        else {                                       //密码不正确，重新输入密码
            j++;
            error();
            if(j==3)
               {
               for(i=0;i<8;i++)                      //三次密码不正确，报警
                  {      LED2=0; SOUND=1;
                 for(k=0;k<5;k++){Delay10ms();}
                 LED2=1;
                 for(k=0;k<5;k++){Delay10ms();}
               }
              j=0;
```

```
                SOUND=0;
            }
        for(i=0;i<50;i++){Delay10ms();}
        }
    }while(1);
}
```

2. 键盘处理模块 keyinput.h 程序

```
#include<absacc.h>
#include<intrins.h>
#define uchar unsigned char
#define uint unsigned int
uchar idata com1,com2;
/************************* 键盘扫描函数 **********************/
uchar key_scan() {
    uchar temp;
    uchar com;
    P1=0xf0;
    if(P1!=0xf0)
    {       com1=P1;
            P1=0x0f;
            com2=P1;
    }
    P1=0xf0;
     while(P1!=0xf0);
    temp=com1|com2;
    if(temp==0xee)com=0x01;                        //数字
    if(temp==0xed)com=0x02;
    if(temp==0xeb)com=0x03;
    if(temp==0xde)com=0x04;
    if(temp==0xdd)com=0x05;
    if(temp==0xdb)com=0x06;
    if(temp==0xbe)com=0x07;
    if(temp==0xbd)com=0x08;
    if(temp==0xbb)com=0x09;
    if(temp==0x7e)com=0x0a;              //CLR
    if(temp==0x7d)com=0x00;
    if(temp==0x7b)com=0x0b;              //其代码功能为输入密码结束并确认
    return(com);
```

```
}
```

3. 液晶显示模块 12864. h 程序

```
/********************** 12864 液晶显示函数 *****************************/
#include<absacc.h>
#include<intrins.h>
#define uchar unsigned char
#define uint unsigned int
#define PORT P0

uchar code Num[]=
{                                              //32×32 字节的汉字取模，一个汉字 72 字节
0x00,0x00,0x00,0x00,0x10,0x00,0x00,0x08,
0x00,0x00,0x46,0x00,0x00,0x47,0x00,0xC0,
0x45,0x00,0xF0,0x64,0x1E,0x7E,0xFE,0x1F,
0x4E,0x26,0x0C,0x60,0x32,0x06,0x60,0x32,
0x42,0x00,0x00,0x40,0x30,0x86,0x21,0x70,
0xFF,0x33,0x20,0x03,0x18,0x03,0xD9,0x0F,
0xFF,0xF9,0x03,0x06,0x09,0x04,0x20,0x01,
0x0C,0xB0,0xFF,0x1B,0x1C,0xFF,0x39,0x0C,
0x00,0x70,0x08,0x00,0x00,0x00,0x00,0x00,       //锁
0x00,0x00,0x00,0x00,0x08,0x00,0x00,0x08,
0x00,0x00,0x08,0x10,0x00,0x08,0x10,0x10,
0x0C,0x08,0x10,0x0C,0x0E,0x10,0x84,0x03,
0xF8,0xFF,0x01,0xF8,0x3F,0x00,0x18,0x06,
0x00,0x18,0x06,0x00,0x1C,0x06,0x00,0xFC,
0xFF,0x07,0xFC,0xFF,0xFF,0x0C,0x02,0x00,
0x0C,0x03,0x00,0x0C,0x03,0x00,0x00,0x03,
0x00,0x00,0x03,0x00,0x00,0x03,0x00,0x00,
0x03,0x00,0x00,0x02,0x00,0x00,0x00,0x00,       //开   +72
};
uchar code Tab[]=
{                                              //16×16 字节的汉字取模，一个汉字 32 个字节
0x00,0xF8,0x48,0x48,0x48,0x48,0xFF,0x48,
0x48,0x48,0x48,0xFC,0x08,0x00,0x00,0x00,
0x00,0x07,0x02,0x02,0x02,0x02,0x3F,0x42,
0x42,0x42,0x42,0x47,0x40,0x70,0x00,0x00,       //电
0x80,0x80,0x82,0x82,0x82,0x82,0x82,0xE2,
0xA2,0x92,0x8A,0x86,0x80,0xC0,0x80,0x00,
```

```
0x00,0x00,0x00,0x00,0x00,0x40,0x80,0x7F,
0x00,0x00,0x00,0x00,0x00,0x00,0x00,0x00,    //子   +32

0x10,0x4C,0x24,0x04,0xF4,0x84,0x4D,0x56,
0x24,0x24,0x14,0x84,0x24,0x54,0x0C,0x00,
0x00,0x01,0xFD,0x41,0x40,0x41,0x41,0x7F,
0x41,0x41,0x41,0x41,0xFC,0x00,0x00,0x00,    //密   +64

0x02,0x82,0xF2,0x4E,0x43,0xE2,0x42,0xFA,
0x02,0x02,0x02,0xFF,0x02,0x80,0x00,0x00,
0x01,0x00,0x7F,0x20,0x20,0x7F,0x08,0x09,
0x09,0x09,0x0D,0x49,0x81,0x7F,0x01,0x00,    //码   +96

0x80,0x40,0x70,0xCF,0x48,0x48,0x00,0xE2,
0x2C,0x20,0xBF,0x20,0x28,0xF6,0x20,0x00,
0x00,0x02,0x02,0x7F,0x22,0x92,0x80,0x4F,
0x40,0x20,0x1F,0x20,0x20,0x4F,0x80,0x00,    //锁   +128

0x20,0x22,0xEC,0x00,0x20,0x22,0xAA,0xAA,
0xAA,0xBF,0xAA,0xAA,0xEB,0xA2,0x20,0x00,
0x00,0x00,0x7F,0x20,0x10,0x00,0xFF,0x0A,
0x0A,0x0A,0x4A,0x8A,0x7F,0x00,0x00,0x00,    //请   +160

0x88,0x68,0x1F,0xC8,0x0C,0x28,0x90,0xA8,
0xA6,0xA1,0x26,0x28,0x10,0xB0,0x10,0x00,
0x09,0x09,0x05,0xFF,0x05,0x00,0xFF,0x0A,
0x8A,0xFF,0x00,0x1F,0x80,0xFF,0x00,0x00,    //输   +192

0x00,0x00,0x00,0x00,0x00,0x01,0xE2,0x1C,
0xE0,0x00,0x00,0x00,0x00,0x00,0x00,0x00,
0x80,0x40,0x20,0x10,0x0C,0x03,0x00,0x00,
0x00,0x03,0x0C,0x30,0x40,0xC0,0x40,0x00,    //入 +224

0x00,0x00,0x00,0x00,0x00,0x00,0x00,0x00,
0x00,0x00,0x00,0x00,0x00,0x00,0x00,0x00,
0x00,0x00,0x33,0x33,0x00,0x00,0x00,0x00,
0x00,0x00,0x00,0x00,0x00,0x00,0x00,0x00,    //:   +256

0x80,0x40,0x70,0xCF,0x48,0x48,0x48,0x48,
0x7F,0x48,0x48,0x7F,0xC8,0x68,0x40,0x00,
0x00,0x02,0x02,0x7F,0x22,0x12,0x00,0xFF,
0x49,0x49,0x49,0x49,0xFF,0x01,0x00,0x00,    //错 +288

0x40,0x42,0xC4,0x0C,0x00,0x40,0x5E,0x52,
0x52,0xD2,0x52,0x52,0x5F,0x42,0x00,0x00,
0x00,0x00,0x7F,0x20,0x12,0x82,0x42,0x22,
0x1A,0x07,0x1A,0x22,0x42,0xC3,0x42,0x00,    //误 +320

0x08,0x08,0x0A,0xEA,0xAA,0xAA,0xAA,0xFE,
```

```
0xAA,0xAA,0xA9,0xF9,0x29,0x0C,0x08,0x00,
0x40,0x40,0x48,0x4B,0x4A,0x4A,0x4A,0x7F,
0x4A,0x4A,0x4A,0x4B,0x48,0x60,0x40,0x00,    //重 +352
0x40,0x44,0x54,0x65,0xC6,0x64,0xD6,0x44,
0x40,0xFC,0x44,0x42,0xC3,0x62,0x40,0x00,
0x20,0x11,0x49,0x81,0x7F,0x01,0x05,0x29,
0x18,0x07,0x00,0x00,0xFF,0x00,0x00,0x00,    //新 +384
0x40,0x42,0x44,0xCC,0x00,0x60,0x5E,0x48,
0xC8,0x7F,0xC8,0x48,0x4C,0x68,0x40,0x00,
0x00,0x40,0x20,0x1F,0x20,0x60,0x90,0x8C,
0x83,0x80,0x8F,0x90,0x90,0xD0,0x5C,0x00,    //选   +416
0x10,0x10,0x10,0xFF,0x90,0x50,0x82,0x46,
0x2A,0x92,0x2A,0x46,0x82,0x80,0x80,0x00,
0x02,0x42,0x81,0x7F,0x00,0x09,0x08,0x09,
0x09,0xFF,0x09,0x09,0x0C,0x09,0x00,0x00,    //择 +448
0x80,0x82,0x82,0x82,0xFE,0x82,0x82,0x82,
0x82,0x82,0xFE,0x82,0x83,0xC2,0x80,0x00,
0x00,0x80,0x40,0x30,0x0F,0x00,0x00,0x00,
0x00,0x00,0xFF,0x00,0x00,0x00,0x00,0x00,    //开 +480
0x40,0x20,0xF8,0x07,0xF0,0xA0,0x90,0x4F,
0x54,0x24,0xD4,0x4C,0x84,0x80,0x80,0x00,
0x00,0x00,0xFF,0x00,0x0F,0x80,0x92,0x52,
0x49,0x25,0x24,0x12,0x08,0x00,0x00,0x00,    //修 +512
0x04,0xC4,0x44,0x44,0x44,0xFE,0x44,0x20,
0xDF,0x10,0x10,0x10,0xF0,0x18,0x10,0x00,
0x00,0x7F,0x20,0x20,0x10,0x90,0x80,0x40,
0x21,0x16,0x08,0x16,0x61,0xC0,0x40,0x00,    //改 +544
0x00,0x02,0x02,0xF2,0x92,0x92,0x92,0xFE,
0x92,0x92,0x92,0xFA,0x13,0x02,0x00,0x00,
0x04,0x04,0x04,0xFF,0x04,0x04,0x04,0x07,
0x04,0x44,0x84,0x7F,0x04,0x06,0x04,0x00,    //再 +576
0x00,0x02,0x04,0x8C,0x40,0x00,0x20,0x18,
0x17,0xD0,0x10,0x50,0x38,0x10,0x00,0x00,
0x02,0x02,0xFF,0x00,0x80,0x40,0x20,0x10,
0x0C,0x03,0x0C,0x10,0x60,0xC0,0x40,0x00,    //次 +608
0x04,0x84,0xE4,0x9C,0x84,0xC6,0x24,0xF0,
0x28,0x27,0xF4,0x2C,0x24,0xF0,0x20,0x00,
0x01,0x00,0x7F,0x20,0x20,0xBF,0x40,0x3F,
0x09,0x09,0x7F,0x09,0x89,0xFF,0x00,0x00,    //确 +640
```

```
0x40,0x42,0x44,0xCC,0x00,0x00,0x00,0x00,
0xC0,0x3F,0xC0,0x00,0x00,0x00,0x00,0x00,
0x00,0x00,0x00,0x3F,0x90,0x48,0x30,0x0E,
0x01,0x00,0x01,0x0E,0x30,0xC0,0x40,0x00,        //认 +672
0x00,0x00,0xF8,0x88,0x88,0x88,0x88,0x08,
0x7F,0x88,0x0A,0x0C,0x08,0xC8,0x00,0x00,
0x40,0x20,0x1F,0x00,0x08,0x10,0x0F,0x40,
0x20,0x13,0x1C,0x24,0x43,0x80,0xF0,0x00,        //成 +704
0x08,0x08,0x08,0xF8,0x0C,0x28,0x20,0x20,
0xFF,0x20,0x20,0x20,0x20,0xF0,0x20,0x00,
0x08,0x18,0x08,0x0F,0x84,0x44,0x20,0x1C,
0x03,0x20,0x40,0x80,0x40,0x3F,0x00,0x00,        //功 +736
0x00,0x00,0x00,0x00,0x00,0x00,0x08,0xF8,
0xFC,0x00,0x00,0x00,0x00,0x00,0x00,0x00,
0x00,0x00,0x00,0x00,0x00,0x00,0x20,0x3F,
0x3F,0x20,0x00,0x00,0x00,0x00,0x00,0x00,        //1       +768
0x00,0x00,0x00,0x00,0x30,0x38,0x0C,0x04,
0x04,0x0C,0xF8,0xF0,0x00,0x00,0x00,0x00,
0x00,0x00,0x00,0x00,0x20,0x30,0x38,0x2C,
0x26,0x23,0x21,0x38,0x00,0x00,0x00,0x00,        //2       +800
};
uchar code star[]={0x00,0x08,0x2A,0x1C,0x1C,0x2A,0x08,0x00,};      //输入密码时显示的*号
sbit RS=P2^0;
sbit RW=P2^1;
sbit E=P2^2;
sbit CS2=P2^3;
sbit CS1=P2^4;
sbit bflag=P0^7;
/************************ 选左半屏函数 ***************************/
void Left()
{
CS1=0;   CS2=1;
}
/************************ 选右半屏函数 ***************************/
void Right()
{
CS1=1; CS2=0;
}
/************************ 判忙函数 *******************************/
```

```
void Busy_12864()
{
do{
    E=0;RS=0; RW=1;
    PORT=0xff;
    E=1;E=0;
  }
  while(bflag);
}
/*********************** 命令写入函数 ***************************/
void Wreg(uchar c)
{
Busy_12864();
RS=0; RW=0;
PORT=c;
E=1; E=0;
}
/*********************** 数据写入函数 ***************************/
void Wdata(uchar c)
{
Busy_12864();
RS=1;RW=0;
PORT=c;
E=1; E=0;
}
/*********************** 首页函数 ******************************/
void Pagefirst(uchar c)
{
uchar i;
i=c;
c=i|0xb8;
Busy_12864();
Wreg(c);
}
/*********************** 首行函数 ******************************/
void Linefirst(uchar c)
{
  uchar i;
  i=c;
```

```
    c=i|0x40;
    Busy_12864();
    Wreg(c);
}
/************************* 清屏函数 ******************************/
void Ready_12864()
 {
    uint i,j;
    Left();
    Wreg(0x3f);
    Right();
    Wreg(0x3f);
    Left();
    for(i=0;i<8;i++)
      {
     Pagefirst(i);
     Linefirst(0x00);
     for(j=0;j<64;j++){ Wdata(0x00);}
      }
    Right();
    for(i=0;i<8;i++)
      {
     Pagefirst(i);
     Linefirst(0x00);
     for(j=0;j<64;j++){ Wdata(0x00);}
      }
}

/************************ 16×16 汉字显示函数 ***************************/
void Display(uchar *s,uchar page,uchar line)
{
uchar i,j;
Pagefirst(page);
Linefirst(line);
for(i=0;i<16;i++){Wdata(*s);s++;   }
Pagefirst(page+1);
Linefirst(line);
for(j=0;j<16;j++) {Wdata(*s); s++; }
}
```

```
/************************ 24*24 汉字显示函数 ****************************/
void Display_32(uchar *s,uchar page,uchar line)
{
    uchar i,j;
    for(i=0;i<24;i++)
     {
         for(j=0;j<3;j++)
         {
         Pagefirst(page+j);
         Linefirst(line+i);
         Wdata(*s);
         s++;
         }
     }
}
/************************** 星号显示函数 ****************************/
void star_12864(uchar *s,uchar page,uchar line)
{
    uchar i;
    Pagefirst(page);
    Linefirst(line);
    for(i=0;i<8;i++) {Wdata(*s); s++;}
}
/************************** 画线函数 ********************************/
void point_12864(uchar page,uchar line)
{
    uchar i;
    Pagefirst(page);
   Linefirst(line);
    for(i=0;i<56;i++) { Wdata(0x1e);}
}
/************************** 初始化函数 ********************************/
void Init_12864()
{
Ready_12864();
Left();
point_12864(0x03,8);
Display(Tab,0x04,16);
Display(Tab+32,0x04,32);
```

```
Display(Tab+64,0x04,48);
Right();
point_12864(0x03,0);
Display(Tab+96,0x04,0);
Display(Tab+128,0x04,16);
}
/************************** 显示请输入密码函数 ******************************/
void System()
{
    Ready_12864();
    Left();
    Display(Tab+160,0x02,16);
    Display(Tab+192,0x02,32);
    Display(Tab+224,0x02,48);
    point_12864(0x04,8);
    Right();
    Display(Tab+64,0x02,0);
    Display(Tab+96,0x02,16);
    Display(Tab+256,0x02,32);
    point_12864(0x04,0);
}
/************************** 显示密码错误函数 ******************************/
void error()
{
    Ready_12864();
    Left();
    Display(Tab+64,0x02,32);
    Display(Tab+96,0x02,48);
    Display(Tab+352,0x04,16);
    Display(Tab+384,0x04,32);
    Display(Tab+192,0x04,48);
    Right();
    Display(Tab+288,0x02,0);
    Display(Tab+320,0x02,16);
    Display(Tab+224,0x04,0);
    Display(Tab+64,0x04,16);
    Display(Tab+96,0x04,32);
}
```

```
/********************* 显示选择 1 开锁，2 修改密码函数 **************************/
void true()
{
   Ready_12864();
   Left();
   Display(Tab+160,0x00,0);
   Display(Tab+416,0x00,16);
   Display(Tab+448,0x00,32);
   Display(Tab+256,0x00,48);
   Display(Tab+768,0x03,0);
   Display(Tab+480,0x03,16);
   Display(Tab+128,0x03,32);
   Display(Tab+800,0x06,0);
   Display(Tab+512,0x06,16);
   Display(Tab+544,0x06,32);
   Display(Tab+64,0x06,48);
   Right();
   Display(Tab+96,0x06,0);
}
/************************** 显示开锁画面函数 ******************************/
void unlock()
{
   Ready_12864();
   Left();
   Display_32(Num,0x03,20);
   point_12864(0x02,8);
   point_12864(0x06,8);
   Right();
   Display_32(Num+72,0x03,20);
   point_12864(0x02,0);
   point_12864(0x06,0);
}
/************************** 显示请再次输入密码函数 ******************************/
void again()
{
   Ready_12864();
   Left();
   Display(Tab+160,0x00,0);
```

```
    Display(Tab+576,0x00,16);
    Display(Tab+608,0x00,32);
    Display(Tab+192,0x00,48);
    Right();
    Display(Tab+224,0x00,0);
    Display(Tab+64,0x00,16);
    Display(Tab+96,0x00,32);
    Display(Tab+256,0x00,48);
}
/************************** 显示密码确认错误函数 ********************************/
void repeat()
{
    Ready_12864();
    Left();
    Display(Tab+64,0x02,16);
    Display(Tab+96,0x02,32);
    Display(Tab+640,0x02,48);
    Display(Tab+160,0x04,16);
    Display(Tab+352,0x04,32);
    Display(Tab+384,0x04,48);
    Right();
    Display(Tab+672,0x02,0);
    Display(Tab+288,0x02,16);
    Display(Tab+320,0x02,32);
    Display(Tab+512,0x04,0);
    Display(Tab+544,0x04,16);
    Display(Tab+64,0x04,32);
    Display(Tab+96,0x04,48);
}
/************************** 显示修改密码成功函数 ********************************/
void succeed()
{
    Ready_12864();
    Left();
    Display(Tab+512,0x02,16);
    Display(Tab+544,0x02,32);
    Display(Tab+64,0x02,48);
    Right();
```

```
    Display(Tab+96,0x02,0);
    Display(Tab+704,0x02,16);
    Display(Tab+736,0x02,32);
}
```

AT24C01 读/写模块程序：

```
#include<absacc.h>
#include<intrins.h>
#define uchar unsigned char
#define uint unsigned int
#define AddWr 0xa0
#define AddRd 0xa1
#define _Nop _nop_
bit ack;
sbit SCL=P3^4;
sbit SDA=P3^5;

/********************** 启动 IIC 器件函数 **************************/
void Start()
{
SDA=1;
_Nop();
SCL=1;
_Nop();   _Nop();   _Nop();   _Nop();   _Nop();
SDA=0;
_Nop();   _Nop();   _Nop();   _Nop();
SCL=0;
_Nop();   _Nop();
}
/********************** 停止 IIC 器件函数 **************************/
void Stop()
{
    SDA=0;
    _Nop();
    SCL=1;
    _Nop();   _Nop();   _Nop();   _Nop();   _Nop();
    SDA=1;
    _Nop(); _Nop();   _Nop();   _Nop();   _Nop();
}
```

```
/******************** 检查 IIC 器件的回复函数 ***********************/
void Cack(bit a)
{       if(a==0)SDA=0;
    else SDA=1;
    _Nop();   _Nop();   _Nop();
    SCL=1;
    _Nop();   _Nop();   _Nop();   _Nop();   _Nop();
    SCL=0;
    _Nop();   _Nop();
}
/******************** IIC 器件的单字节写入函数 ***********************/
void Send(uchar c)
{                          //向 IIC 器件写入一个字节，若有回复，ack = 1
uchar i;
for(i=0;i<8;i++)
  { if(c&0x80)SDA=1;
    else SDA=0;
    _Nop();
    SCL=1;
    _Nop(); _Nop(); _Nop(); _Nop();   _Nop();
    SCL=0;
    c=c<<1;
  }
_Nop();   _Nop();
SDA=1;
_Nop();   _Nop();
SCL=1;
_Nop();   _Nop();   _Nop();
if(SDA==1)ack=0;
else ack=1;
SCL=0;
_Nop();   _Nop();
}
/******************** IIC 器件的多字节写入函数 ***********************/
bit SendB(uchar *s,uchar Address,uchar Number)
{
    uchar i;               //向 IIC 器件发送多个字节，成功返回 1
    Start();
```

```
        Send(AddWr);
        if(ack==0)return(0);
        Send(Address);
        if(ack==0)return(0);
        for(i=0;i<Number;i++)
          {   Send(*s);
              if(ack==0)return(0);
              s++;
          }
        Stop();
        return(1);
}
/******************** IIC 器件的单字节读取函数 ************************/
uchar Read()
{                              //从 IIC 器件读一个字节的内容并返回所读的数据
        uchar temp;
        uchar i;
        temp=0;
        SDA=1;
        for(i=0;i<8;i++)
          {
              _Nop();
              SCL=0;
              _Nop();   _Nop();   _Nop();   _Nop();   _Nop();
              SCL=1;
              _Nop();   _Nop();
              temp=temp<<1;
              if(SDA==1)temp++;
              _Nop();   _Nop();
        }
        SCL=0;
        _Nop();   _Nop();
        return(temp);
}
/******************** IIC 器件的多字节读取函数 ************************/
bit ReadB(uchar *s,uchar Address,uchar Number)
{
        uchar i;        //从 IIC 器件读出多个字节，并将所读的数据存入数组
```

```
    Start();
     Send(AddWr);
    if(ack==0)return(0);
    Send(Address);
    if(ack==0)return(0);
    Start();
    Send(AddRd);
    if(ack==0)return(0);
    for(i=0;i<Number;i++)
     {
          *s=Read();
        Cack(0);
        s++;
    }
    *s=Read();
    Cack(1);
    Stop();
    return(1);
}
```

实验四　DS18B20 多点温度监测传输系统

一、功能要求

采用 STC89C51 单片机和数字温度传感器 DS18B20 设计单总线多点测温系统，测温范围 – 55 ~ 125 °C，测量精度为 0.01 °C。采用主从机模式，从机 8 个 DS18B20 都接在单片机的 P1.1 口上测量温度值，通过 RS232 串口传输数据给主机，在主机上采用液晶显示器分时显示当前各点温度监测值和 DS18B20 的序号。单片机 P3 口接上 8 个开关与右边的 DS18B20 编号对应。当没有开关按下时，屏幕显示“which NO you want press which key”，要想看那一点处的温度就按下对应号键（点击 key 右边的小红点，按一下弹下，再按一下弹起）。只能有一个按键按下，当有多个按键下时，屏幕上显示“please press one key only !"。

单总线采用单根信号线既传输时钟又传输数据，而且数据传输是双向的，它具有节省 I/O 口线资源、结构简单、成本低廉、便于总线扩展和维护等诸多优点。

二、硬件电路设计

多点温度监测传输系统电路如图 5.9 所示。主要包括单片机、8 个 DS18B20 温度传感器、液晶显示器、串口通信等。

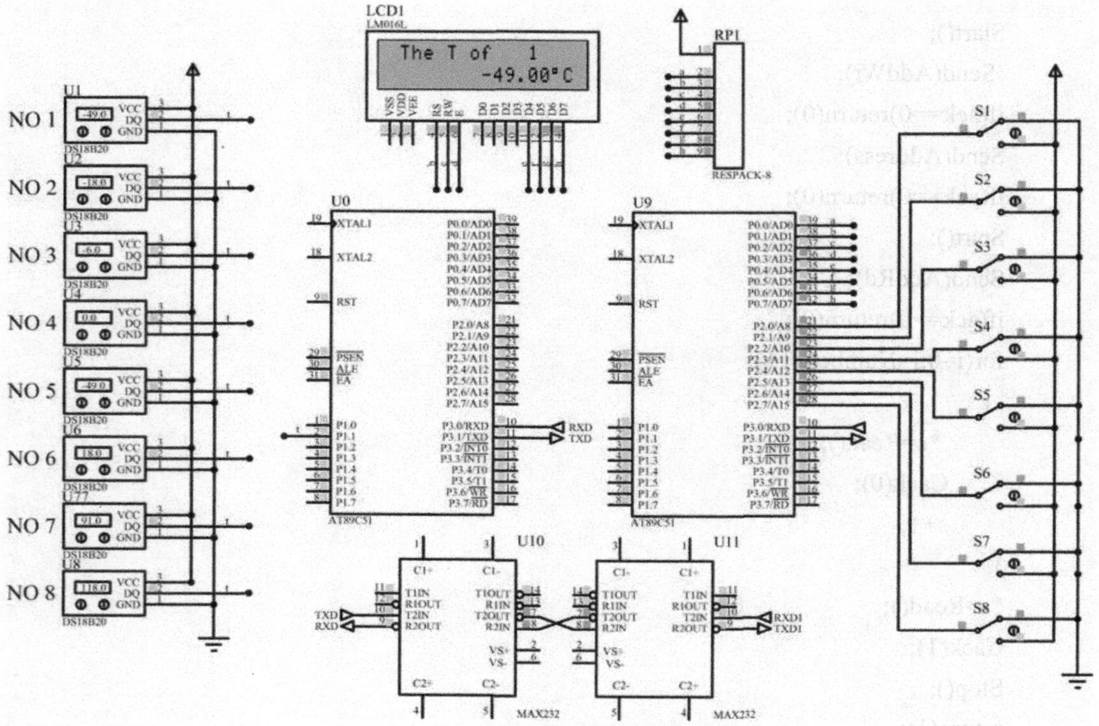

图 5.9 多点温度监测传输系统硬件电路图

三、软件程序设计

多点温度监测传输系统采用 C51 编写，在主函数中进行 ROM 搜索，检测 DS18B20。当检测到单总线上 DS18B20 时，执行搜索算法，检测每个 DS18B20 的 ROM 序列号，同时发出温度转换命令和读温度命令，完成温度测量。通过串口通信把测得值传输给主机，在主机上用 LCD1602 液晶显示器显示各个 DS18B20 的温度值。

1. *多点温度采集，测温从机主程序（main.c）

```
#include<reg51.h>
#include<xuanze.h>
#include <chuankou.h>
unsigned long i,t;
unsigned char TempBuffer[10],b[4];        //串口通信的 buffer
void jiance()                             //初始化，即检测是否存在 DS18B20
{unsigned char k=0;
  loop:DS=1;
       DS=0;                              //主机将总线从高电平拉到低电平
       del(100);                          //持续 400 ~ 960 μs
       DS=1;                  //然后释放总线
```

```
        del(10);                    //DS18B20检测到总线上升沿后，等待15 ~ 60 μs后发低电平
        k=DS;
        del(20);                    //低电平至少要持续60 ~ 240 μs
        if(k==1)                    // 60 ~ 240 μs内 若为高电平则要重新检测。
        goto loop;
}
 read()                             //从DS18B20中读出数据
{ unsigned char i;
  unsigned long date=0;
  for(i=0;i<16;i++)
  { DS=0;                           //主机在某一时刻将总线从高电平拉到低电平
    date>>=1;
DS=1;
 del(3);                            //保持15 μs将总线拉到高电平，产生读时间隙
      if(DS)
      date|=0x8000;
      del(8);                       //读数据需要持续35 ~ 60 μs
    }
    return(date);
}
void Delay1ms(unsigned int count)
{
unsigned int i,j;
for(i=0;i<count;i++)
for(j=0;j<120;j++);
}
void    main()
{ unsigned long    flag=0;
 InitCom(5);                        //设定串行口工作方式（晶振11.059 2 MHz，波特率4 800）
for (i=0;i<4;i++)                   //字符串初始化
     b[i]=0xff;
 while(1)
 {
 if(RI)                             //从串口接收数据（必须为4位字符串）
 {
  ComInStr(&b);                     // 暂存接收到的数据
     k=b[0];
     jiance();                      //对DS18B20初始化
     matchrom();
```

```
      write(0x44);          //启动温度变换
      del(100);
      jiance();
      matchrom();
      if(f==1)
       { f=0; Delay1ms(30); }   //扫描延时
      else
      { write(0xbe);            //读暂存存储器
       t=read();
      b[0]=k;
      b[1]=t/256%256;
      b[2]=t%256;
      b[3]=b[0]^b[1]^b[2];
      ComOutStr(&b);        //发送命令码到串口.
     }
    }
   }
}
```

2. 选择温度传感器（Xuanze. h）

```
#ifndef __XUANZE_H__
#define __XUANZE_H__
unsigned char k,f=0;
sbit DS=P1^1;
void del( int count )               //延时程序
{while(count--);}
void delay(unsigned int count)      //延时程序
{int p;
 while(count--)
  for(p=0;p<125;p++);
}
void write(unsigned char date)      //向 DS18B20 中写入数据
{ int i;
  for(i=0;i<8;i++)              //由于是单总线每次只能写一位，一个字节需循环 8 次
  { DS=0;                       //主机在某一时刻将总线从高电平拉到低电平，产生写时间隙
   DS=date&0x01;                //写入数据。
   del(15);                     //写入数据要 15 μs，ds18b20 对数据采样需要 15 ~ 60 μs，共需 35 ~ 70 μs
   DS=1;
   date>>=1;     }
```

```
}
void matchrom()                                   //匹配 ROM 18B20 寻址
{ switch(k)
  {   case 0: f=1; break;
     case 1:        {                             //NO 1
                    write(0x55);
                    write(0x28);
                    write(0x30);
                    write(0xc5);
                    write(0xb8);
                    write(0x00);
                    write(0x00);
                    write(0x00);
                    write(0x8e);    }break;
      case 2:       {                             //NO 2
                    write(0x55);
                    write(0x28);
                    write(0x31);
                    write(0xc5);
                    write(0xb8);
                    write(0x00);
                    write(0x00);
                    write(0x00);
                    write(0xb9);    }break;
      case 4:       {                             //NO 3
                    write(0x55);
                    write(0x28);
                    write(0x32);
                    write(0xc5);
                    write(0xb8);
                    write(0x00);
                    write(0x00);
                    write(0x00);
                    write(0xe0);    }break;
        case 8:{                                  //NO 4
                    write(0x55);
                    write(0x28);
                    write(0x33);
                    write(0xc5);
```

```
            write(0xb8);
            write(0x00);
            write(0x00);
            write(0x00);
            write(0xd7);  }break;
    case 16:{                                   //NO 5
            write(0x55);
            write(0x28);
            write(0x34);
            write(0xc5);
            write(0xb8);
            write(0x00);
            write(0x00);
            write(0x00);
            write(0x52);  }break;
    case 32:{                                   // NO 6
            write(0x55);
            write(0x28);
            write(0x35);
            write(0xc5);
            write(0xb8);
            write(0x00);
            write(0x00);
            write(0x00);
            write(0x65);  }break;
    case 64:{                                   //NO 7
            write(0x55);
            write(0x28);
            write(0x36);
            write(0xc5);
            write(0xb8);
            write(0x00);
            write(0x00);
            write(0x00);
            write(0x3c);  } break;
    case 128:{                                  //NO 8
            write(0x55);
            write(0x28);
            write(0x37);
```

```
                write(0xc5);
                write(0xb8);
                write(0x00);
                write(0x00);
                write(0x00);
                write(0x0b);   } break;
    default:    f=1; break;
    }
}
#endif
```

3. 串口通信程序（chuankou. h）

```
sbit TR =P3^2;
void InitCom(unsigned char BaudRate);          //串口初始化
void ComOutChar(unsigned char OutData);        //输出一个字符
void ComOutStr(unsigned char *Str);            //输出字符串
unsigned char ComInChar();                     //接收一个字符
void ComInStr(unsigned char *Str);             //接收定长字符串
//串口初始化，晶振为 11.059 2 M，方式 1 波特率 300 ~ 57 600
void InitCom(unsigned char BaudRate)
{
unsigned char THTL;
switch (BaudRate)
{
case 1: THTL = 64; break;                      //波特率 300
case 2: THTL = 160; break; //600
case 3: THTL = 208; break; //1200
case 4: THTL = 232; break; //2400
case 5: THTL = 244; break; //4800
case 6: THTL = 250; break; //9600
case 7: THTL = 253; break; //19200
case 8: THTL = 255; break; //57600
default: THTL =    243;                        //晶振为 12 M，波特率 4 800
}
SCON = 0x50;                                   //串口方式 1，允许接收
TMOD = 0x20;                                   //定时器 1 定时方式 2
TCON = 0x40;                                   //设定时器 1 开始计数
TH1 = THTL;
TL1 = THTL;
```

```
PCON = 0x80;                          //波特率加倍控制，SMOD 位
RI = 0;                               //清收发标志
TI = 0;
TR1 = 1;                              //启动定时器
}
//向串口输出一个字符(非中断方式)
void ComOutChar(unsigned char OutData)
{
SBUF = OutData;                       //输出字符
while(!TI);                           //空语句判断字符是否发完
TI = 0;                               //清 TI
}
//向串口输出一个字符串（非中断方式）
void ComOutStr(unsigned char *Str)
{
//while(*Str != 0x00)                 //判断是否到了字符串的尾部
  unsigned int i=0;
  unsigned char sum=0xff;
 TR=0;    //485 发
  for (i=0;i<4;i++)
  {
    SBUF = *Str;                      //输出字符
    while(!TI);                       //空语句判断字符是否发完
    TI = 0; //清 TI
    sum=sum^*Str;
    Str++;                            //字符串指针加一
  }
//ComOutChar(sum);
//ComOutEnter();
 TR=1;
}
//从串口接收一个字符(非中断方式)
unsigned char ComInChar()
{
  unsigned char InData;
  while(!RI);                   //空语句判断字符是否收完
  InData = SBUF;                //保存 COM 缓冲字符
  RI = 0;                       //清 RI
  return (InData);          //返回收到的字符
```

```
}
//从串口接收一个定长字符串(非中断方式,只用于字符需有一个的 idata 字符串数组)
void ComInStr(unsigned char *Str)
{   unsigned int i=0;
    for (i=0;i<4;i++)
    {
    while(!RI);                    //空语句判断字符是否收完
    *Str = SBUF;                   //保存字符
    RI = 0;                        //清 RI
    Str++;                         //字符串指针加一
    }
}
```

4. 多点温度采集，测温主机主程序（main.c）

```
#include<reg51.h>
#include "LCD1602.h"
#include "chuankou.h"
#include "math.h"
unsigned long i,t,n;
unsigned char TempBuffer[10],b[4],k;        //串口通信的 buffer
unsigned long   flag=0;

void Delay1ms(unsigned int count)
{
    unsigned int i,j;
    for(i=0;i<count;i++)
    for(j=0;j<120;j++);
}
void temp_to_str()                          //温度数据转换成液晶字符显示
{
    TempBuffer[1]= t/10000+'0';             //百位
    TempBuffer[2]= t/1000%10+'0';           //十位
    TempBuffer[3]= t/100%10+'0';            //个位
    TempBuffer[4]= '.';                     //小数点啦
    TempBuffer[5]= (t%100)/10+'0';          //十分位
    TempBuffer[6]= t%10+'0';                //百分位
    TempBuffer[7]= 0xdf;                    //温度符号
    TempBuffer[8]= 'C';
    TempBuffer[9]= '\0';
```

```
    if(TempBuffer[1]=='0')              //消零显示
    { TempBuffer[1]= TempBuffer[0];
     TempBuffer[0]= ' ';
    if(TempBuffer[2]=='0')
       {TempBuffer[2]= TempBuffer[1];
             TempBuffer[1]= ' ';
    }
    }
}

void show_temp()                         //液晶显示程序
{ temp_to_str();                         //温度数据转换成液晶字符
   LCD_PutStr(TempBuffer,23);            //显示温度
   Delay1ms(20);                         //扫描延时
}
void gyf(unsigned long n)
 { unsigned long k=0;
    if(RI)                               //从串口接收数据（必须为 4 位字符串）
 {ComInStr(&b);   }                      //暂存接收到的数据
k=n;
LCD_PutStr("The T of      ",1);          //在液晶上显示字母
n=log(n)/log(2)+1;
LCD_PutNum(n,0,12);
Delay1ms(300);                           //扫描延时
b[0]=k;
ComOutStr(&b);                           //发送命令码到串口
i=0;
while(!RI)                               //等待接收数据
{Delay1ms(1);
if(i=50)
break;
else
i++;
}
ComInStr(&b);                            //暂存接收到的数据
if(b[0]==k)
{ t= b[1] << 8;
  t= t|b[2];
```

```
}
//t = b[1]*256+b[2];
    flag=t&0x8000;                              //对读取的数据进行处理
     if(flag==0x8000)
       {    t=~t;
        t=t+1;
        t=t*25;
       t>>=2;
       TempBuffer[0]= '-';
     }
    else
    {    t=t*25;
       t>>=2;
     TempBuffer[0]= ' ';
     }
    show_temp();
   }

void main()
{LCD_init();                    //液晶初始化
InitCom(5);                     //设定串行口工作方式（晶振 11.059 2 MHz，波特率 57.6 k）
for (i=0;i<4;i++)               //字符串初始化
 b[i]=0xff;
 while(1)
 { k=P2;
  switch(k)
    {
          case 0:{ n=1;
                 while(n<129)
                 { gyf(n);
                 Delay1ms(1000);
                 k=P2;
                 if(k!=0)
                 break;
                 n<<=1;
                 }
               }
          case 1:{n=1;
               gyf(n);
```

```
                break;
              }
          case 2:{n=2;
                gyf(n);
                break;
              }
          case 4:{n=4;
                gyf(n);
                break;
              }
          case 8:{n=8;
                gyf(n);
                break;
              }
          case 16:{n=16;
                gyf(n);
                break;
              }
          case 32:{n=32;
                gyf(n);
                break;
              }
          case 64:{n=64;
                gyf(n);
                break;
              }
          case 128:{n=128;
                gyf(n);
                break;
              }
    default:{   LCD_PutStr("ONE KEY ONCE       ",1);
                  LCD_PutStr("                        ",20);
                  break;
              }
          } //switch
  }//while
  }//main
```

```
/*液晶 LCD1602C   使用 4 条数据线(D4~D7)
LCD 引脚定义
   1——GND
   2——VCC
   3——VO
   4——RS
   5——RW
   6——EN
   7 ~ 14 为 D0 ~ D7
   15——背景灯+
   16——背景灯-
-------------------------------------------------------------*/
#include <intrins.h>
#define LCD_DATA P0
sbit LCD1602_RS=P0^1;
sbit LCD1602_RW=P0^2;
sbit LCD1602_EN=P0^3;
/*----------------------------------------函数说明----------------------------------------*/
void LCD_init(void);
void LCD_en_write(void);
void LCD_write_command(unsigned   char command) ;
void LCD_write_data(unsigned char Recdata);
void LCD_set_xy (unsigned char x, unsigned char y);
void LCD_write_string(unsigned char X,unsigned char Y,unsigned char *s);
void LCD_write_char(unsigned char X,unsigned char Y,unsigned char Recdata);
void delay_nus(unsigned int n);
void delay_nms(unsigned int n);

void delay_1us(void)                    //1 μs 延时函数
   {   _nop_();   }
void delay_nus(unsigned int n)          //n us 延时函数
   { unsigned int i=0;
    for (i=0;i<n;i++)
    delay_1us();
   }
void delay_1ms(void)                    //1 ms 延时函数
   {unsigned int i;
    for (i=0;i<1140;i++);
   }
```

```
void delay_nms(unsigned int n)                    //n ms 延时函数
  { unsigned int i=0;
   for (i=0;i<n;i++)
   delay_1ms();
  }
void LCD_init(void)                               //液晶初始化
{
  LCD_write_command(0x28);
  delay_nus(40);
  LCD_write_command(0x28);
  delay_nus(40);
  LCD_write_command(0x28);
  delay_nus(40);
  LCD_en_write();
  delay_nus(40);
  LCD_write_command(0x28);                        //4 位显示
  LCD_write_command(0x0c);                        //整体显示，关光标，不闪烁
  LCD_write_command(0x01);                        //清屏
  delay_nms(5);
}
void LCD_en_write(void)                           //液晶使能
{ LCD1602_EN=1;
  delay_nus(1);
  LCD1602_EN=0;
}
void LCD_write_command(unsigned char command)                //写指令
{ delay_nus(16);
  LCD1602_RS=0;                                              //RS=0 选择指令地址
  LCD1602_RW=0;                                              //RW=0 写操作
  LCD_DATA&=0X0f;                                            //清高四位
  LCD_DATA|=command&0xf0;                                    //写高四位
  LCD_en_write();
  command=command<<4;                                        //低四位移到高四位
  LCD_DATA&=0x0f;                                            //清高四位
  LCD_DATA|=command&0xf0;                                    //写低四位
  LCD_en_write();
  LCD1602_RW=1;                                              //RW=1 结束写操作
}
void LCD_write_data(unsigned char Recdata)                   //写数据
```

```
{   delay_nus(16);
  LCD1602_RS=1;                                   //RS=1 选择数据地址
  LCD1602_RW=0;                                   //RW=0 写操作
  LCD_DATA&=0X0f;                                 //清高四位
  LCD_DATA|=Recdata&0xf0;                         //写高四位
  LCD_en_write();
  Recdata=Recdata<<4;                             //低四位移到高四位
  LCD_DATA&=0X0f;                                 //清高四位
  LCD_DATA|=Recdata&0xf0;                         //写低四位
  LCD_en_write();
  LCD1602_RW=1;                                   //RW=1 结束写操作
}
void LCD_set_xy( unsigned char x, unsigned char y )   //写地址函数
{     unsigned char address;
      if (y == 0) address = 0x80 + x;
      else address = 0xc0 + x;
      LCD_write_command(address);
}
void   LCD_write_char(unsigned char X,unsigned char Y,unsigned char Recdata)   //列 x=0~15,行 y=0,1
{   LCD_set_xy(X, Y);                             //写地址
  LCD_write_data(Recdata);
}
void LCD_PutStr(unsigned char *DData,int pos)
{       if(pos==-1)
   { LCD_write_command(0x01);                     //清屏
     delay_nms(2);
     pos=0;
   }
  while((*DData)!='\0')
  {  LCD_write_char(pos%16, pos/16,*DData);
     pos++;
     DData++;
  }
}
void LCD_PutNum(unsigned long num,int XS,int pos)
 {
    unsigned long tmp=0;
    unsigned char numbits=0;
    if(pos==-1){
```

```
        LCD_write_command(0x01);
        delay_nms(2);
        pos=0;
    }
  if(num==0)
    { LCD_write_char(pos%16, pos/16, '0');
        pos++;
    }
  else
   {  if(num<0)
        {LCD_write_char(pos%16, pos/16, '-');
        num*=(-1);
        pos++;
        }
        while(num)
         {
        tmp=tmp*10+(num%10);
        num=num/10;
        numbits++;
        }
        while(tmp)
        {
        LCD_write_char(pos%16, pos/16, (tmp%10)+48);
        tmp=tmp/10;
        pos++;
        numbits--;
        }
        while(numbits--)
         {LCD_write_char(pos%16, pos/16, '0');
        pos++;
        }
    }
}

/*串口程序 chuankou.c*/
sbit TR=P3^2;
void InitCom(unsigned char BaudRate);          //串口初始化
void ComOutChar(unsigned char OutData);        //输出一个字符
void ComOutStr(unsigned char *Str);            //输出字符串
```

```
unsigned char ComInChar();                    //接收一个字符
void ComInStr(unsigned char *Str);            //接收定长字符串
//串口初始化，晶振为 11.059 2 MHz，方式 1 波特率 300 ~ 57 600
void InitCom(unsigned char BaudRate)
{
    unsigned char THTL;
    switch (BaudRate)
    {
    case 1: THTL = 64; break;                 //波特率 300
    case 2: THTL = 160; break; //600
    case 3: THTL = 208; break; //1200
    case 4: THTL = 232; break; //2400
    case 5: THTL = 244; break; //4800
    case 6: THTL = 250; break; //9600
    case 7: THTL = 253; break; //19200
    case 8: THTL = 255; break; //57600
    default: THTL =   243;                    //晶振为 12 M，波特率 4 800
    }
    SCON = 0x50;                              //串口方式 1，允许接收
    TMOD = 0x20;                              //定时器 1 定时方式 2
    TCON = 0x40;                              //设定时器 1 开始计数
    TH1 = THTL;
    TL1 = THTL;
    PCON = 0x80;                              //波特率加倍控制，SMOD 位
    RI = 0;                                   //清收发标志
    TI = 0;
    TR1 = 1;                                  //启动定时器
}
//向串口输出一个字符(非中断方式)
void ComOutChar(unsigned char OutData)
    {
    SBUF = OutData;                           //输出字符
    while(!TI);                               //空语句判断字符是否发完
    TI = 0;                                   //清 TI
    }

//向串口输出一个字符串（非中断方式）
void ComOutStr(unsigned char *Str)
    {
```

```
    //while(*Str != 0x00)                    //判断是否到了字符串的尾部
        unsigned int i=0;
        unsigned char sum=0xff;
        TR=0;                                //485 发
        for (i=0;i<4;i++)
    {
    SBUF = *Str;                             //输出字符
    while(!TI);                              //空语句判断字符是否发完
    TI = 0; //清 TI
    sum=sum^*Str;
    Str++;                                   //字符串指针加 1
    }
    //ComOutChar(sum);
    //ComOutEnter();
     TR=1;
    }
//从串口接收一个字符(非中断方式)
unsigned char ComInChar()
    {
    unsigned char InData;
    while(!RI);                          //空语句判断字符是否收完
    InData = SBUF;                       //保存 COM 缓冲字符
    RI = 0;                              //清 RI
    return (InData);                     //返回收到的字符
    }
//从串口接收一个定长字符串(非中断方式,只用于字符需有一个的 idata 字符串数组)
//如 unsigned char *Str;
//unsigned char i[]="abcd";
//InHandStr = &i;
void ComInStr(unsigned char *Str)
    {
    //while(*Str != 0x00)                //判断是否到了字符串的尾部
        unsigned int i=0;
        for (i=0;i<4;i++)
      {
      while(!RI);                        //空语句判断字符是否收完
      *Str = SBUF;                       //保存字符
      RI = 0;                            //清 RI
      Str++;                             //字符串指针加 1
```

```
    }
}
```

实验五　STH11 数字温湿度测量

一、功能要求

采用 STC89C52 单片机和 STH11 传感器设计一个数字温湿度测量系统，温度测量范围为 − 40 ~ 120 °C，湿度测量范围为 0% ~ 100%，采用液晶显示器，用发光二极管作为工作状态指示灯。

二、硬件电路设计

图 5.10 为数字温湿度测量系统硬件电路图，由单片机、数字温湿度传感器 STH11、液晶显示器、发光二极管等组成。STH11 采用 I^{2}C 方式与单片机相连，用单片机的 P1.0 和 P1.1 模拟 I^{2}C 总线时序。

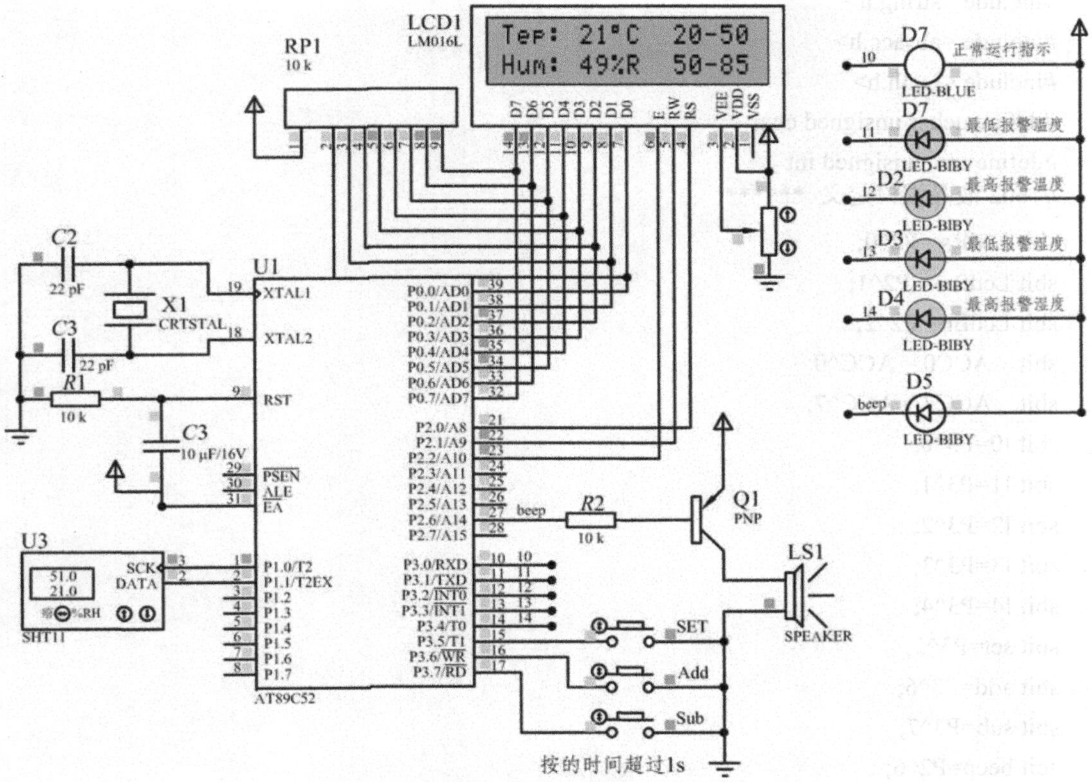

图 5.10　数字温湿度测量系统硬件电路图

三、软件程序设计

温湿度测量软件采用 C51 编写，在主函数中首先对液晶显示器和 STH11 进行初始化，然后启动 STH11 进行温、湿度测量，计算湿度与温度，转换温度为 uchar 类型方便液晶显示将测量结果显示出来。

STH11 数字温湿度测量程序：

```
/*************端口定义********************
   P1.0------SCK         (SHT11)
   P1.1------DATA        (SHT11)
   P0------DB0 ~ DB7  (LCD1602)
   P2.0------RS          (LCD1602)
   P2.1------RW          (LCD1602)
   P2.2------E           (LCD1602)
*******************************************/
#include <reg52.h>
#include <intrins.h>
#include <stdio.h>
#include <string.h>
#include <absacc.h>
#include <math.h>
#define uchar unsigned char
#define uint unsigned int
//1602 液晶端口定义  ******
sbit LcdRs= P2^0;
sbit LcdRw= P2^1;
sbit LcdEn= P2^2;
sbit    ACC0 = ACC^0;
sbit    ACC7 = ACC^7;
sbit I0=P3^0;
sbit I1=P3^1;
sbit I2=P3^2;
sbit I3=P3^3;
sbit I4=P3^4;
sbit set=P3^5;
sbit add=P3^6;
sbit sub=P3^7;
sbit beep=P2^6;
char num;
uchar str[16];
```

```
uchar tmp_h,tmp_l,hum_h,hum_l;
//向 LCD 写入命令或数据*********************************************************
#define LCD_COMMAND     0               // Command
#define LCD_DATA        1               // Data
#define LCD_CLEAR_SCREEN    0x01        // 清屏
#define LCD_HOMING      0x02            // 光标返回原点
//设置显示模式*****************************************************
#define LCD_SHOW            0x04        //显示开
#define LCD_HIDE        0x00            //显示关
#define LCD_CURSOR          0x02        //显示光标
#define LCD_NO_CURSOR       0x00        //无光标
#define LCD_FLASH           0x01        //光标闪动
#define LCD_NO_FLASH        0x00        //光标不闪动
//设置输入模式*****************************************************
#define LCD_AC_UP           0x02
#define LCD_AC_DOWN         0x00        // default
#define LCD_MOVE            0x01        //画面可平移
#define LCD_NO_MOVE         0x00        //default
unsigned char LCD_Wait(void);
void LCD_Write(bit style, unsigned char input);

/***********1602 液晶显示部分子程序****************/
void delay(uint z)
{   uint x,y;
    for(x=z;x>0;x--)
    for(y=110;y>0;y--);
}
void LCD_Write(bit style, unsigned char input)
{   LcdRs=style;
    P0=input;
    delay(5);
    LcdEn=1;
    delay(5);
    LcdEn=0;
}
void LCD_SetDisplay(unsigned char DisplayMode)
{   LCD_Write(LCD_COMMAND, 0x08|DisplayMode); }
void LCD_SetInput(unsigned char InputMode)
{   LCD_Write(LCD_COMMAND, 0x04|InputMode);   }
```

```
//初始化 LCD**********************************************************
void LCD_Initial()
{     LcdEn=0;
      LCD_Write(LCD_COMMAND,0x38);                //8 位数据端口,2 行显示,5*7 点阵
      LCD_Write(LCD_COMMAND,0x38);
      LCD_SetDisplay(LCD_SHOW|LCD_NO_CURSOR);     //开启显示, 无光标
      LCD_Write(LCD_COMMAND,LCD_CLEAR_SCREEN);    //清屏
      LCD_SetInput(LCD_AC_UP|LCD_NO_MOVE);        //AC 递增, 画面不动
}
//液晶字符输入的位置************************
void GotoXY(unsigned char x, unsigned char y)
{if(y==0)
            LCD_Write(LCD_COMMAND,0x80|x);
      if(y==1)
            LCD_Write(LCD_COMMAND,0x80|(x-0x40));
}
//将字符输出到液晶显示
void Print(unsigned char *str)
{     while(*str!='\0')
      {
            LCD_Write(LCD_DATA,*str);
            str++;
      }
}
void zhuanhuan(float a)                     //浮点数转换成字符串函数
{     memset(str,0,sizeof(str));
      sprintf (str,"%f", a);
}
/*
void welcome()
{     LCD_Initial();
      GotoXY(0,0);
      Print("    Welcome!    ");
      GotoXY(0,1);
      Print("    Code of SHT11 ");
      delay(200);
}
*/
/*-------------------------------------
```

模块名称:delay_n10us();

功　　能:延时函数，延时约 n 个 10 μs

较精确的延时函数，_nop_()，延时 1 μs@12 M 晶振

```
------------------------------------*/
void delay_n10us(uint n)                    //延时 n 个 10us@12M 晶振
{    uint i;
     for(i=n;i>0;i--)
      { _nop_();_nop_();_nop_();_nop_();_nop_();_nop_();  }
}
//*******************第二部分 SHT11 设置*****************************************
sbit SCK   = P1^0;                          //定义通讯时钟端口
sbit DATA = P1^1;                           //定义通讯数据端口
typedef union
{    unsigned int i;                        //定义了两个共用体
     float f;
}
value;
enum {TEMP,HUMI};                           //TEMP=0，HUMI=1
#define noACK 0                             //用于判断是否结束通讯
#define ACK    1                            //结束数据传输  //adr   command   r/w
#define STATUS_REG_W 0x06                   //000    0011     0
#define STATUS_REG_R 0x07                   //000    0011     1
#define MEASURE_TEMP 0x03                   //000    0001     1
#define MEASURE_HUMI 0x05                   //000    0010     1
#define RESET          0x1e                 //000    1111     0
/****************定义函数****************/
void s_transstart(void);                    //启动传输函数
void s_connectionreset(void);               //链接复位函数
char s_write_byte(unsigned char value);     //SHT11 写函数
char s_read_byte(unsigned char ack);        //SHT11 读函数
char s_measure(unsigned char *p_value, unsigned char *p_checksum, unsigned char mode);
                                                                //测量温湿度函数
void calc_sht11(float *p_humidity ,float *p_temperature);      //温湿度补偿
/*--------------------------------------
模块名称:s_transstart();
功   能:启动传输函数
------------------------------------*/
void s_transstart(void)
// generates a transmission start
```

```
{   DATA=1; SCK=0;                                    //初始化状态
    _nop_();
    SCK=1;
    _nop_();
    DATA=0;
    _nop_();
    SCK=0;
    _nop_();_nop_();_nop_();
    SCK=1;
    _nop_();
    DATA=1;
    _nop_();
    SCK=0;
}
/*---------------------------------------
模块名称:s_connectionreset();
功    能:链接复位函数
---------------------------------------*/
void s_connectionreset(void)
                      // communication reset: DATA-line=1 and at least 9 SCK cycles followed
by transstart
{   unsigned char i;
  DATA=1; SCK=0;                              //初使化状态
  for(i=0;i<9;i++)                            //9 个 SCK 循环
  {  SCK=1;       SCK=0;   }
  s_transstart();                             //传输开始
}
/*---------------------------------------
模块名称:s_write_byte();
功    能:SHT11 写函数
---------------------------------------*/
char s_write_byte(unsigned char value)
// writes a byte on the Sensibus and checks the acknowledge
{  unsigned char i,error=0;
  for (i=0x80;i>0;i/=2)                       //shift bit for masking
  {  if (i & value) DATA=1;                   //masking value with i , write to SENSI-BUS
    else DATA=0;
    SCK=1;                                    //clk for SENSI-BUS
    _nop_();_nop_();_nop_();                  //pulswith approx. 3 μs
```

```
    SCK=0;
  }
  DATA=1;                    //release DATA-line
  SCK=1;                     //clk #9 for ack
  error=DATA;                //check ack（DATA will be pulled down by SHT11），DATA 在第
                             9 个上升沿将被 SHT11 自动下拉为低电平。
  _nop_();_nop_();_nop_();
  SCK=0;
  DATA=1;                    //release DATA-line
  return error;              //error=1 in case of no acknowledge //返回：0 成功，1 失败
}
/*-------------------------------------
模块名称:s_read_byte();
功    能:SHT11 读函数
-------------------------------------*/
char s_read_byte(unsigned char ack)
// reads a byte form the Sensibus and gives an acknowledge in case of "ack=1"
{   unsigned char i,val=0;
  DATA=1;                              //release DATA-line
  for (i=0x80;i>0;i/=2)                //shift bit for masking
  { SCK=1;                             //clk for SENSI-BUS
    if (DATA) val=(val | i);           //read bit
    _nop_();_nop_();_nop_();           //pulswith approx. 3 us
    SCK=0;
  }
  if(ack==1)DATA=0;                    //in case of "ack==1" pull down DATA-Line
  else DATA=1;                         //如果是校验(ack==0)，读取完后结束通讯
  _nop_();_nop_();_nop_();             //pulswith approx. 3 us
  SCK=1;                               //clk #9 for ack
  _nop_();_nop_();_nop_();             //pulswith approx. 3 us
  SCK=0;
  _nop_();_nop_();_nop_();             //pulswith approx. 3 us
  DATA=1;                          //release DATA-line
  return val;
}
/*-------------------------------------
模块名称:s_measure();
功    能:测量温湿度函数
-------------------------------------*/
```

```
char s_measure(unsigned char *p_value, unsigned char *p_checksum, unsigned char mode)
                              //makes a measurement (humidity/temperature) with checksum
{   unsigned error=0;
  unsigned int i;
  s_transstart();                 //传送开始
  switch(mode){                   //send command to sensor
    case TEMP   : error+=s_write_byte(MEASURE_TEMP); break;
    case HUMI   : error+=s_write_byte(MEASURE_HUMI); break;
    default     : break;
}
  for (i=0;i<65535;i++) if(DATA==0) break;       //wait until sensor has finished the measurement
  if(DATA) error+=1;                              // or timeout (~2 sec.) is reached
  *(p_value)   =s_read_byte(ACK);                 //read the first byte (MSB)
  *(p_value+1)=s_read_byte(ACK);                  //read the second byte (LSB)
  *p_checksum =s_read_byte(noACK);                //read checksum
  return error;
}
/*----------------------------------------
模块名称:calc_sht11();
功    能:温湿度补偿函数
----------------------------------------*/
void calc_sht11(float *p_humidity ,float *p_temperature)
                                  // calculates temperature [C] and humidity [%RH]
                                  // input :   humi [Ticks] (12 bit)
                                  //             temp [Ticks] (14 bit)
                                  // output:   humi [%RH]
                                  //             temp [C]
{ const float C1=-8.84;           // for 12 Bit
  const float C2=+0.0405;         // for 12 Bit
  const float C3=-0.0000028;      // for 12 Bit
  const float T1=+0.01;           // for 14 Bit @ 5V
  const float T2=+0.00008;        // for 14 Bit @ 5V
  float rh=*p_humidity;           // rh:       Humidity [Ticks] 12 Bit
  float t=*p_temperature;         // t:        Temperature [Ticks] 14 Bit
  float rh_lin;                   // rh_lin:   Humidity linear
  float rh_true;                  // rh_true: Temperature compensated humidity
  float t_C;                      // t_C    :  Temperature [C]
  t_C=t*0.01 - 39.2;              //calc. temperature from ticks to [C]
  rh_lin=C3*rh*rh + C2*rh + C1;   //calc. humidity from ticks to [%RH]
```

```
    rh_true=(t_C-25)*(T1+T2*rh)+rh_lin; //calc. temperature compensated humidity [%RH]
    if(rh_true>100)rh_true=100;             //cut if the value is outside of
    if(rh_true<0.1)rh_true=0.1;             //the physical possible range
    *p_temperature=t_C;                     //return temperature [C]
    *p_humidity=rh_true;                    //return humidity[%RH]
}
void key(void)
{ if(!set){/*while(!set);*/num++;if(num>4)num=0;}
     switch(num)
     {  case 0: I0=0;I1=I2=I3=I4=1;break;                  //正常显示
        case 1: I1=0;I0=I2=I3=I4=1;                        //调整温度最低值
             if(!add){/*while(!add);*/tmp_l++;}
             if(!sub){/*while(!sub);*/tmp_l--;}
             break;
        case 2: l2=0;l1=l0=l3=l4=1;                        //调整温度最高值
             if(!add){/*while(!add);*/tmp_h++;}
             if(!sub){/*while(!sub);*/tmp_h--;}
             break;
        case 3: l3=0;l1=l2=l0=l4=1;                        //调整温度最低值
             if(!add){/*while(!add);*/hum_l++;}
             if(!sub){/*while(!sub);*/hum_l--;}
             break;
        case 4: l4=0;l1=l2=l0=l3=1;                        //调整温度最低值
             if(!add){/*while(!add);*/hum_h++;}
             if(!sub){/*while(!sub);*/hum_h--;}
             break;
     }
}
//****************************主函数****************************
void main(void)
{       value humi_val,temp_val;
         unsigned char error,checksum;
        char flg1,flg2;
        tmp_h=50;
        tmp_l=20;
        hum_h=85;
        hum_l=50;
        num=0;
        LcdRw=0;
```

```
    s_connectionreset();
//  welcome();//显示欢迎画面
//  delay(2000);
    LCD_Initial();
    while(1)
    { error=0;
      error+=s_measure((unsigned char*) &humi_val.i,&checksum,HUMI);  //measure humidity
      error+=s_measure((unsigned char*) &temp_val.i,&checksum,TEMP);  //measure temperature
      if(error!=0)
     s_connectionreset();                          //in case of an error: connection reset
      else
      {   humi_val.f=(float)humi_val.i;            //converts integer to float
        temp_val.f=(float)temp_val.i;              //converts integer to float
        calc_sht11(&humi_val.f,&temp_val.f);       //计算湿度与温度
       GotoXY(0,0);//
        Print("Tep:");
        GotoXY(0,1);
        Print("Hum:");
        if(humi_val.f<0)humi_val.f=0;
        if(temp_val.f<0)temp_val.f=0;
        if(humi_val.f>100)humi_val.f=99;
        if(temp_val.f>100)temp_val.f=99;
        zhuanhuan(temp_val.f);                     //转换温度为 uchar 类型，方便液晶显示
        GotoXY(5,0);
        str[2]=0xDF;                               // °C 的符号
         str[3]=0x43;
        str[4]=' ';str[5]=' ';
        str[6]=tmp_l/10+0x30;//'2';
        str[7]=tmp_l % 10+0x30;;
        str[8]='-';
        str[9]=tmp_h/10+0x30;;
        str[10]=tmp_h % 10+0x30;;str[11]='\0';
         Print(str);
        zhuanhuan(humi_val.f);                     //转换湿度为 uchar 类型，方便液晶显示
//      if(humi_val.f>64)P3=0XF0;
         GotoXY(5,1);
        str[2]='%';//%的符号
        str[3]='R';
        str[4]=' ';
```

```
        str[5]=' ';
        str[6]=hum_l/10+0x30;
        str[7]=hum_l % 10+0x30;
        str[8]='-';
        str[9]=hum_h/10+0x30;
        str[10]=hum_h % 10+0x30;
         str[11]='\0';                                  //字符串结束标志
         Print(str);
        key();
        /*报警状况*/
        if((temp_val.f< tmp_h )&& (temp_val.f>tmp_l))flg1=1;else flg1=0;
        if((humi_val.f< hum_h) && (humi_val.f>hum_l))flg2=1;else flg2=0;
        if((flg1==1) && (flg2==1) ) beep=1;else{ beep=0;   }
        }
      //----------wait approx. 0.8s to avoid heating up SHTxx--------------------------------
      delay_n10us(80000);                                          //延时约 0.8 s

    }
  }
```

附 录

附录 A Keil μVision 集成环境软件

Keil μVision 软件是目前最流行开发 MCS-51 系列单片机的软件。Keil μVision 提供包括 C 编译器、宏汇编、连接器、库管理和一个功能强大的仿真调试器等在内的完整开发方案，通过一个集成开发环境 Keil μVision 将这些部分组合在一起。

SUN ES59PA 实验仪可以和 Keil 公司的 μVision 集成环境联合调试。通过循环点亮发光二极管程序，介绍 Keil μVision 软件与 SUN ES59PA 实验仪联合调试程序。同时介绍库函数的使用。

一、μVision 集成环境软件

Keil μVision 软件完整编辑、编译、调试程序窗口如附图 1 所示，包含各窗口结构、名称。

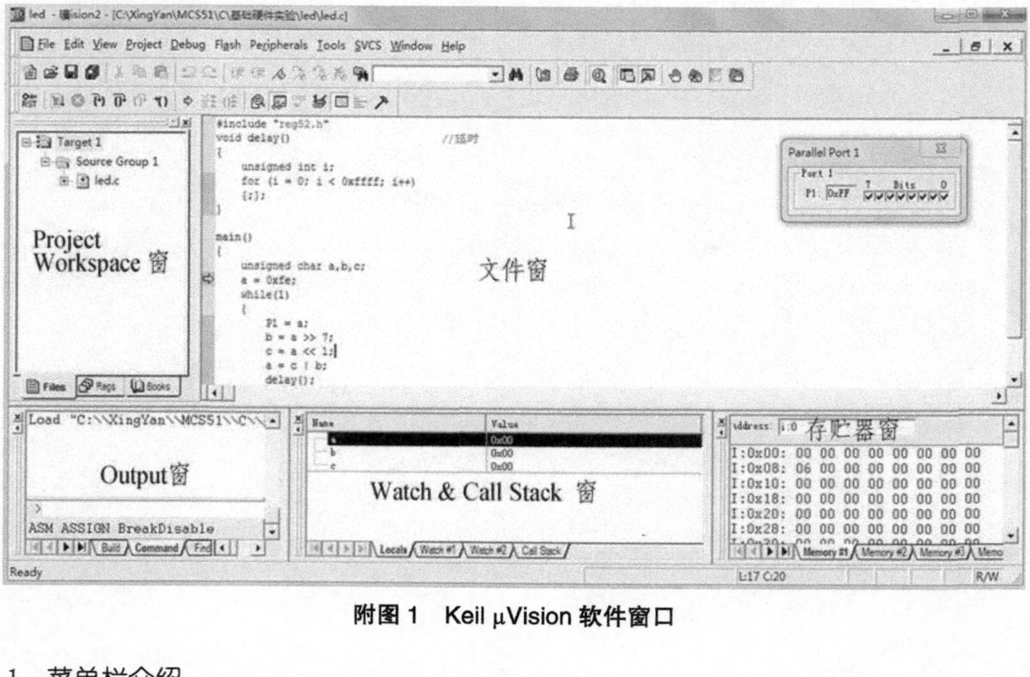

附图 1 Keil μVision 软件窗口

1. 菜单栏介绍

主菜单、子菜单、功能说明、图标、快捷键如附表 1 所示。

附表 1　菜单说明

主菜单	子菜单	功能说明	图标	快捷键
File	New	创建一个新的空白文件		Ctrl+N
	Open	打开一个已存在的文件		Ctrl+O
	Close	关闭当前文件		
	Save	保存当前文件		Ctrl+S
	Save as	当前文件另存为		
	Save all	保存所有打开的文件		
	Device Database	维护器件库		
	Print Setup	设置打印机		
	Print	打印当前文件		Ctrl+P
	Print Preview	打印预览		
	Exit	退出 Keil μVision		
Edit	Undo	取消上次操作		Ctrl+Z
	Redo	恢复上次操作		Ctrl+Shift+Z
	Cut	剪切选定的文字到剪贴板		Ctrl+X
	Copy	复制选定的文字到剪贴板		Ctrl+C
	Paste	粘贴剪贴板的文字		Ctrl+V
	Indent Selected Text	将所选定的内容右移一个制表符		
	Unindent Selected Text	将所选定的内容左移一个制表符		
	Toggle Bookmark	设置/取消在当前行的标签		Ctrl+F2
	Goto Next Bookmark	光标移动到下一个标签		F2
	Goto Previous Bookmark	光标移动到上一个标签		Shift+F2
	Clear All Bookmark	清除当前文件的所有标签		
	Find	在当前文件中查找		Ctrl+F+F3 Shift+F3
	Replace	替换		Ctrl+H
	Find in Files	在多个文件中查找		
	Goto Matching Brace	寻找匹配的各种括号		
View	Status Bar	显示或隐藏状态条		
	File Toolbar	显示或隐藏文件工具栏		
	Build Toolbar	显示或隐藏编译工具栏		
	Debug Toolbar	显示或隐藏调试工具栏		

续附表

主菜单	子菜单	功能说明	图标	快捷键
	Project Window	显示或隐藏项目管理窗		
	Output Window	显示或隐藏输出信息窗口		
	Source Browser	打开资源（文件）浏览器窗口		
	Disassembly Window	显示或隐藏反汇编窗口		
	Watch & Call Stack Window	显示或隐藏观察和堆栈窗口		
	Memory Window	显示或隐藏存贮器窗		
	Code Coverage Window	显示或隐藏代码覆盖窗口		
	Performance Analyzer Window	显示或隐藏性能分析窗口		
	Logic Analyzer Window	显示或隐藏逻辑分析窗口		
	Symbol Window	显示或隐藏变量信息窗口		
	Serial Window	显示或隐藏串口窗口		
	Toolbox	显示或隐藏自定义工具条		
	Periodic Window Update	在运行程序时，周期刷新窗口		
	Workbook mode	显示或隐藏工作簿窗口的标签		
	Include Dependencies	显示或隐藏项目的包含文件		
	Options	设置颜色、字体、快捷键和编辑器选项		
Project	New Project	创建新项目		
	Import μVision1 Project	导入 μVision1 的项目		
	Open Project	打开一个已存在的项目		
	Close Project	关闭当前项目		
	File Extensions,Books and Environment	设置工具书、包含文件和库文件的路径		
	Targets, Groups, Files	维护项目的对象、文件组或文件		
	Select Device for Target	为当前项目选择一个单片机型号		
	Remove Item	从项目中移除选择的一个组或文件		
	Options for Target ‘Target 1’	设置当前项目的配置环境		Alt+F7
	Clear Group and File Options	清除所有文件组、文件的设置		
	Build Target	编译文件并生成代码文件		F7
	Rebuild all target files	重新编译所有文件并生成代码文件		
	Translate	编译当前文件		

续附表

主菜单	子菜单	功能说明	图标	快捷键
	Stop Build	停止编译当前项目		
	Flash Download	将代码写到单片机的 FLASH 中		
Debug	Start/Stop Debug Session	进入/退出调试状态		Ctrl+F5
	Go	全速运行程序，碰到断点后停止运行		F5
	Step	单步执行程序，可进入子程序		F11
	Step over	单步执行程序，碰到子程序或函数调用，一次性执行完毕，不进入子程序或函数		F10
	Step out of Current function	程序执行到当前函数的结束		Ctrl+F11
	Run to Cursor line	程序执行到光标所在行		Ctrl+F10
	Stop Running	停止运行程序		ESC
	Breakpoints	打开断点对话框		
	Insert/Remove Breakpoint	在当前行设置/取消断点		
	Enable/Disable Breakpoint	使能/禁止当前行的断点		
	Disable All Breakpoints	禁用所有断点		
	Kill All Breakpoints	清除所有断点		
	Show Next Statement	显示下一条执行的语句/指令		
	Enable/Disable Trace Recording	使能/禁止程序运行轨迹的标识		
	View Trace Records	显示运行过的指令		
	Memory Map	打开存储器空间配置对话框		
	Performance Analyzer	打开性能分析器的设置对话框		
	Inline Assembly	对某一行进行重新汇编，可以修改汇编代码		
	Function Editor(Open Ini File)	编辑调试函数和调试配置文件		
Flash	Download	将代码写到单片机的 FLASH 中		
	Erase	擦除单片机的 FLASH		
Peripherals	Reset CPU	复位 CPU		
	Interrupt	设置/观察中断(触发方式、优先级、使能等)		
	I/O Ports	设置/观察各个 I/O 口		
	Serial	设置/观察串行口		

续附表

主菜单	子菜单	功能说明	图标	快捷键
	Timer	设置/观察各个定时器/计数器		
Tools	Setup PC-Lint	配置 PC-Lint 程序		
	Lint	用 PC-Lint 程序处理当前编辑的文件		
	Lint All C-Source Files	用 PC-Lint 程序处理项目中所有的 C 文件		
	Setup Easy-Case	配置 Siemens 的 Easy-Case		
	Star/Stop Easy-Case	启动或停止 Easy-Case		
	Show File（Line）	用 Easy-Case 处理当前编辑的文件		
	Customize Tools Menu	自定义工具菜单		
SVSC	Configure Version Control	用于配置项目的版本等		
Windows	Cascade	以相互重叠方式排列文件窗口		
	Tile Horizontally	以不重叠方式水平排列文件窗口		
	Tile Vertically	以不重叠方式垂直排列文件窗口		
	Arrange Icons	在窗口的下方排列图标		
	Split	将当前窗口分成几个窗格		
	Close All	关闭所有窗口		
Help	µVision Help	打开 µVision 在线帮助		
	Open Books Window	打开电子图书窗口		
	Simulated Peripherals for…	显示片内外设信息		
	Internet Support Knowledegebase	打开互联网支持的知识库		
	Contact Support	联系方式支持		
	Check for Update	检查更新		
	About µVision	显示 µVision 的版本号和许可证信息		

2. 工具栏介绍

工具栏图标、提示、功能说明如附表 2 所示。

附表 2　工具栏

图标	提　示	功能说明
	New	创建一个新的空白文件
	Open	打开一个已存在的文件

续附表

图标	提 示	功能说明
	Save	保存当前打开的文件
	Save all	保存所有打开的文件
	Cut	剪切选定的文字到剪贴板
	Copy	复制选定的文字到剪贴板
	Paste	粘贴剪贴板的文字
	Undo	取消上次操作
	Redo	恢复上次操作
	Indent	将所选定的内容右移一个制表符
	Unindent	将所选定的内容左移一个制表符
	Toggle Bookmark	设置/取消当前行的标签
	Next Bookmark	光标移动到下一个标签
	Previous Bookmark	光标移动到上一个标签
	Clear All Bookmark	清除当前文件的所有标签
	Find in Files	在多个文件中查找
	Find	在当前文件中查找
	Source Browser	打开资源浏览器窗口
	Print	打印当前文件
	Start/Stop Debug Session	进入或退出调试状态
	Project Window	显示或隐藏项目管理区
	Output Window	显示或隐藏输出信息窗口
	Insert/Remove Breakpoint	在当前行设置/取消断点
	Kill All Breakpoints	清除所有断点
	Enable/Disable Breakpoint	使能/禁止当前行的断点
	Disable All Breakpoints	禁用所有断点
	Translate current file	编译当前文件
	Build Target	编译文件并生成代码文件
	Rebuild all target files	重新编译所有文件并生成代码文件
	Stop Build	停止编译当前项目

续附表

图标	提　示	功能说明
	Download	将代码写到单片机的 FLASH 中
	Options for Target ‘Target 1’	设置当前项目的配置环境
	Reset CPU	复位 CPU
	Run	运行程序，直到遇到一个中断
	Stop Running	停止程序运行
	Step into	单步执行程序，可进入子程序
	Step over	单步执行程序，碰到子程序或函数调用，一次性执行完毕，不进入子程序或函数
	Step out	执行到当前函数的结束
	Run to Cursor line	程序执行到光标所在行
	Show Next	显示下一条执行的语句/指令
	Enable/Disable	使能/禁止程序运行轨迹的标识
	View Trace	显示运行过的指令
	Disassembly Window	显示/隐藏反汇编窗口
	Watch & Call Stack Window	显示/隐藏观察和堆栈窗口
	Code Coverage Window	显示/隐藏代码覆盖窗口
	Serial Window #1	显示/隐藏串口 1 窗口
	Memory Window	显示/隐藏存储器窗口
	Performance Analyzer Window	显示/隐藏性能分析窗口
	Toolbox	显示/隐藏自定义工具条

二、Keil μVision 软件使用

本例子旨在通过建立一个循环点亮发光二极管程序来介绍 Keil 的 μVision 集成环境软件的使用方法以及它的强大的调试功能，使用户很快上手。

首先运行 Keil 的 μVision 集成环境软件。

1. 新建项目

执行“主菜单”→“Project”→“New Project…”，如附图 2 所示。

首先选择存放项目文件的文件夹，以后在编译、链接过程中生成的所有文件都在此文件夹里；然后输入项目文件名，单击保存。本例的项目文件名“xunhuan”。

在“Select Device for Target ‘Target 1’”对话框可以选择使用的 CPU。不同的 CPU 内部资源可能不一样，“Peripherals”菜单包含的子菜单也可能不一样。也可以通过“主菜单”→“Project”→“Select Device for Target ‘Target 1’”打开对话框，如附图 3 所示。

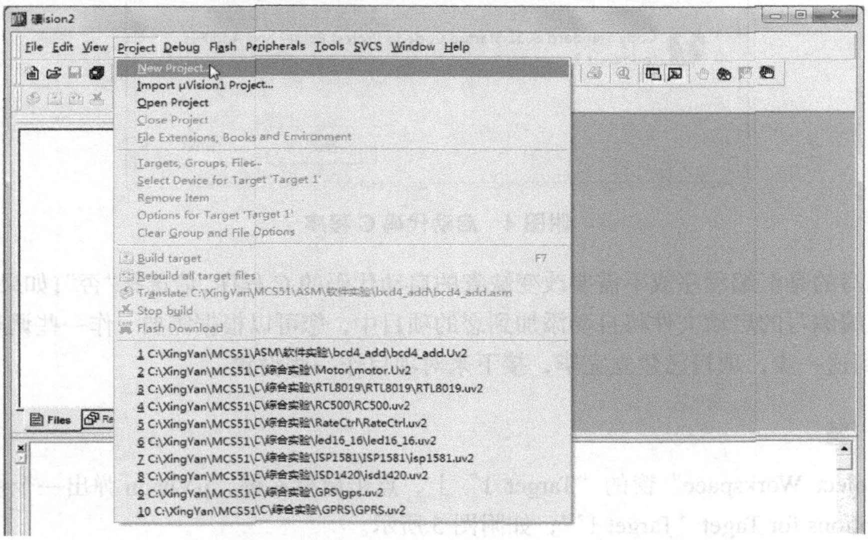

（a）

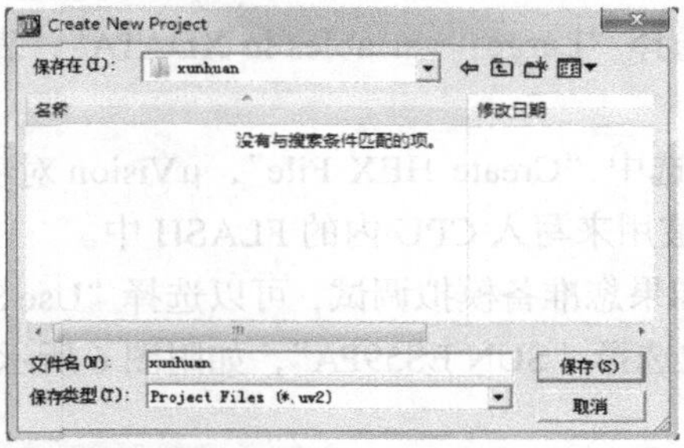

（b）

附图 2　新建项目

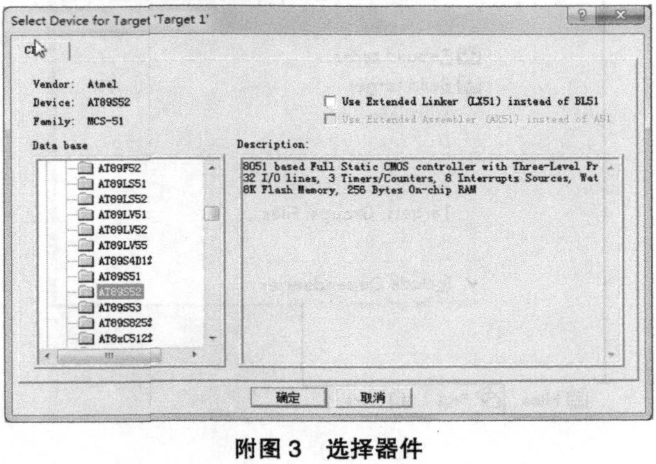

附图 3　选择器件

选择 Atmel 公司的 AT89S52 芯片。点击“确定”，出现如附图 4 所示启动代码的 C 程序。

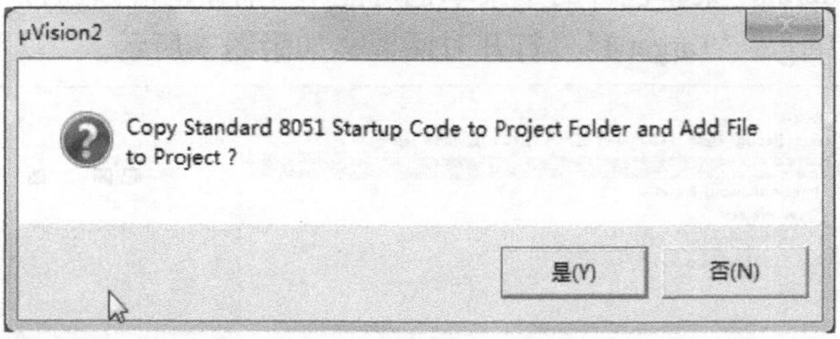

附图 4　启动代码 C 程序

如果编写的是汇编程序或不需要改变缺省的启动代码的 C 程序，请选择“否”；如果选择“是”，一个使用汇编编写的启动文件将自动添加到您的项目中，您可以根据需要，作一些调整，本例选择“否”。到这一步，项目已建立完毕，接下来对项目作一些设置。

2. 设　置

在“Project Workspace”窗的“Target 1”上，点击鼠标右键，μVision 弹出一个快捷菜单，请选择“Options for Taget ‘Target 1’”，如附图 5 所示。

选择“Target”属性页：晶振（Xtal）中输入 11.059 2，因为实验仪上 CPU 接有 11.059 2 MHz 晶振；“Memory Model:”中选择“Large：variables in XDATA”，表示变量允许分配到片外数据空间。

选择“Output”属性页，选中“Create HEX File”，μVision 对项目正确编译、链接后，会生成一个 HEX 文件，该文件可被用来写入 CPU 内的 FLASH 中。

选择“Debug”属性页，如果您准备模拟调试，可以选择“Use Simulator”；如果您有实验仪，请选择“SUN ES59PA”。在此选择“SUN ES59PA”，如附图 6 所示。

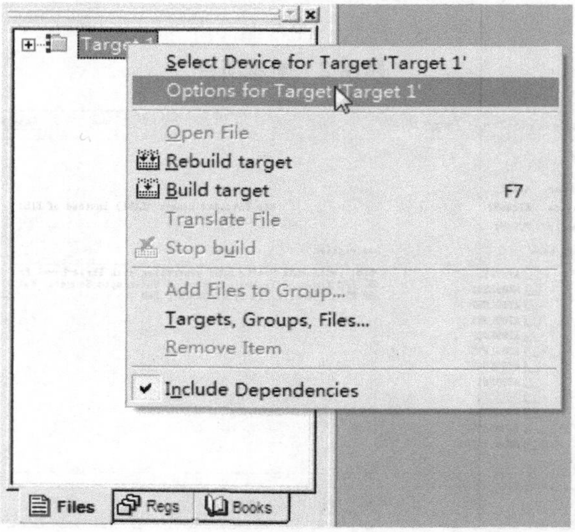

（a）

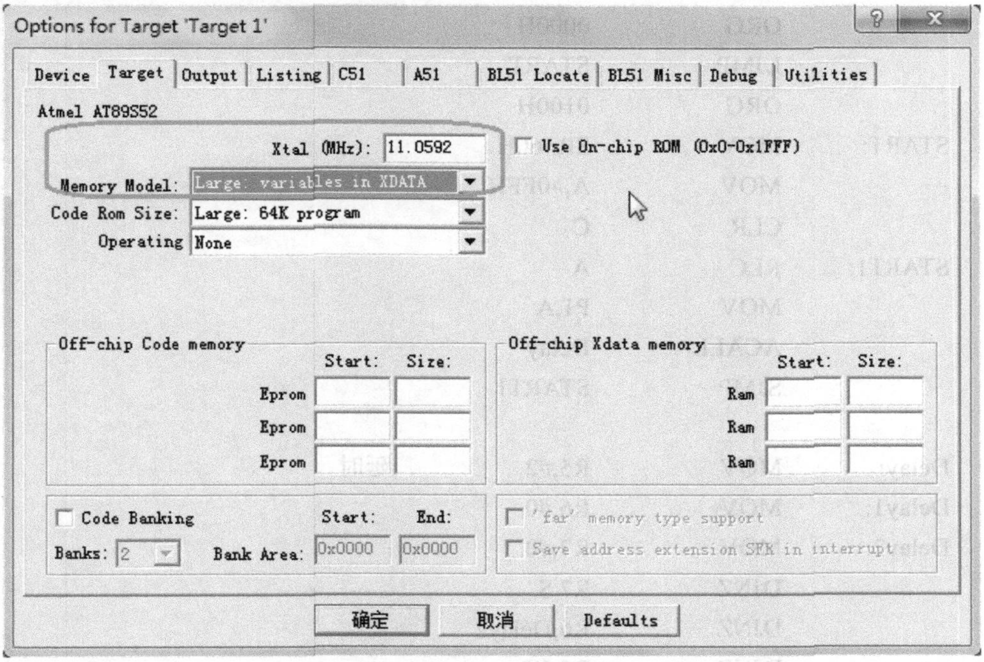

（b）

附图 5 项目设置

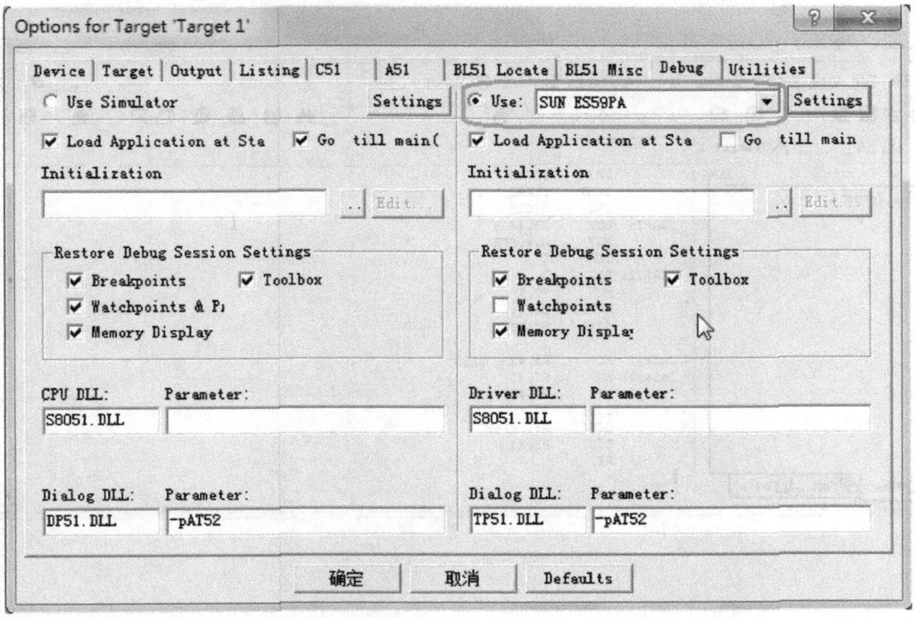

附图 6 Debug 设置

3. 建立源文件

执行“主菜单”→“File”→“New…”，Keil μVision 创建了一个文件窗。

输入源程序，本实例的源程序如下（见附图 7 所示）：

```
          ORG      0000H
          LJMP     START
          ORG      0100H
START:    MOV      SP,#60H
          MOV      A,#0FFH
          CLR      C
START1:   RLC      A
          MOV      P1,A
          ACALL    Delay
          SJMP     START1

Delay:    MOV      R5,#2         ;延时
Delay1:   MOV      R6,#0
Delay2:   MOV      R7,#0
          DJNZ     R7,$
          DJNZ     R6,Delay2
          DJNZ     R5,X3
          RET
          END
```

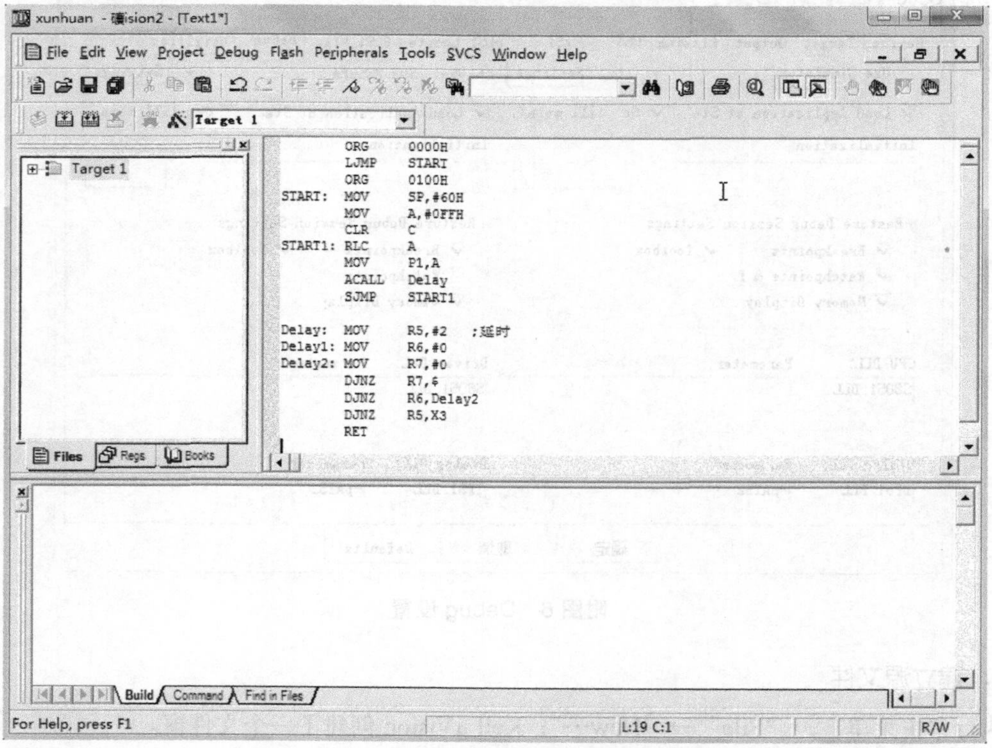

附图 7 输入源程序

输入完源程序，保存源程序。

注意：汇编文件的扩展名是“.asm”或“.a51”；C 文件的扩展名是“.c”或“.c51”。

4. 将文件添加到项目中

在“Project Workspace”窗“Target 1”的“Source Group 1”上，单击鼠标右键，出现快捷菜单，选择“Add Files to Group ‘Source Group 1’”，选择文件“xunhuan.asm”，点击“Add”，将文件添加到项目中；也可以通过用鼠标双击文件名，将文件添加到项目中，如附图 8 所示。

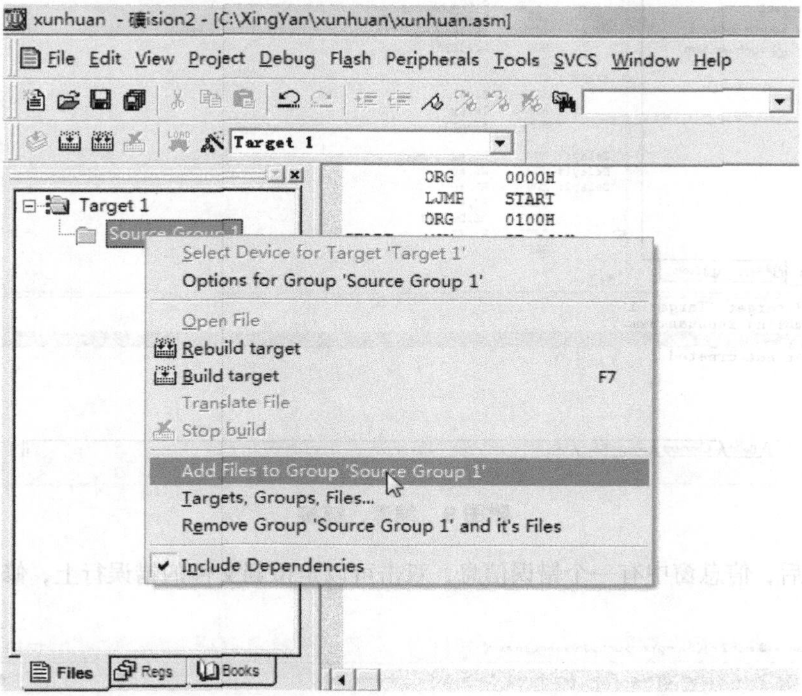

(a)

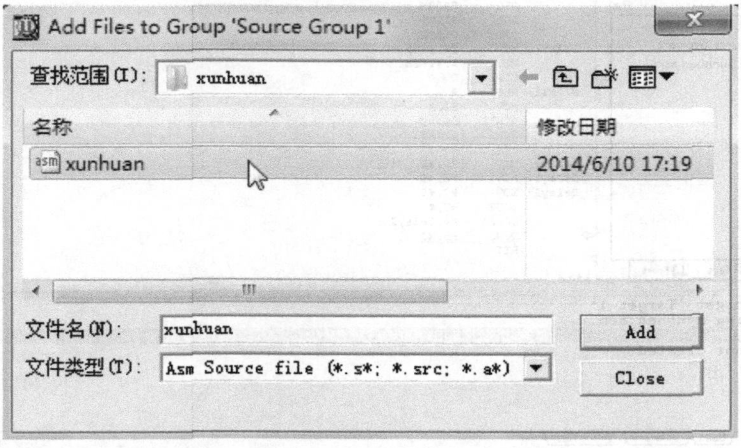

(b)

附图 8　文件添加到项目

5. 编译、链接

点击▣或▣命令，启动编译、链接，信息输出到“Output Window”的“Build”标签页中，如附图 9 所示。

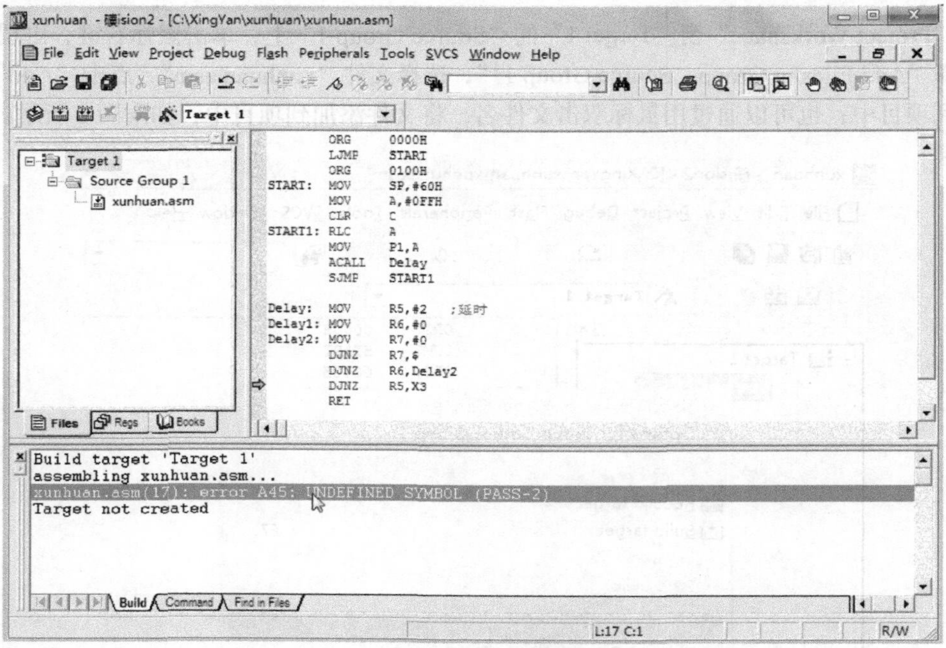

附图 9　编译、链接

编译完毕后，信息窗中有一个错误信息，双击可以定位到文件的错误行上，修改错误，如附图 10 所示。

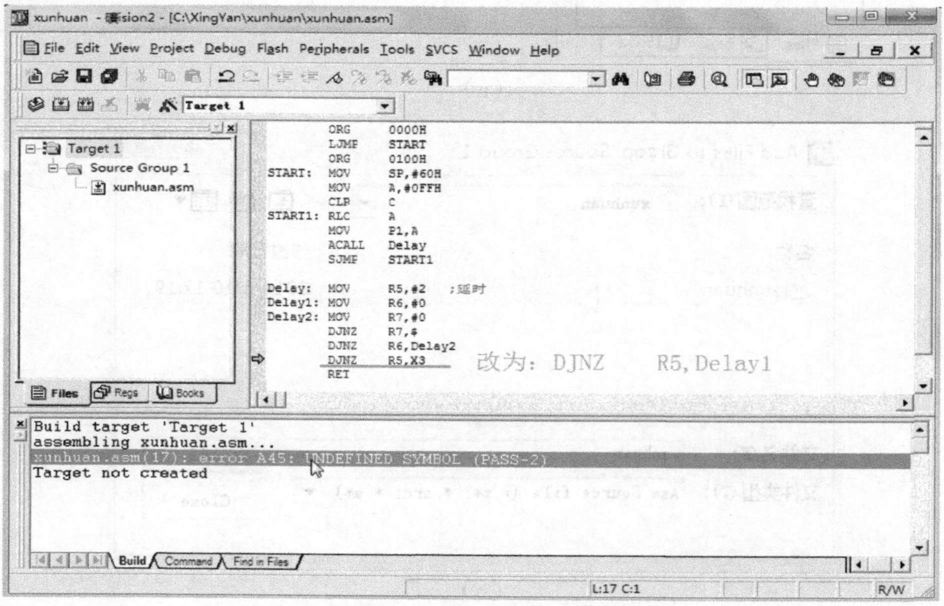

附图 10　定位、修改错误

再次点击或命令，启动编译、链接，信息窗中显示 0 个错误、0 个警告，接下来可以开始调试了，如附图 11 所示。

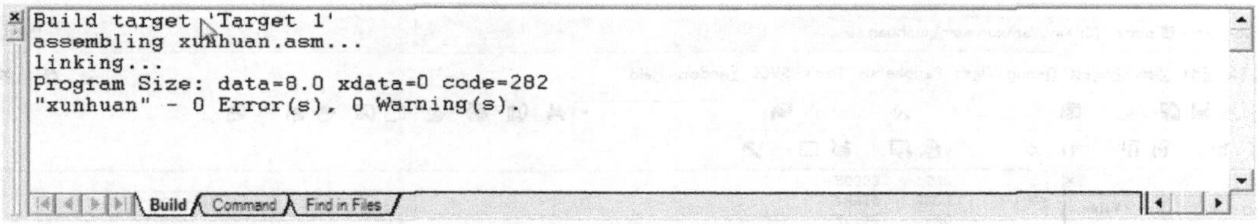

附图 11　编译、链接正确

6. 调　试

打开实验仪的电源，把 A3 区 JP51 与 F5 区 JP65 连接起来。

点击，进入调试状态，如附图 12 所示。

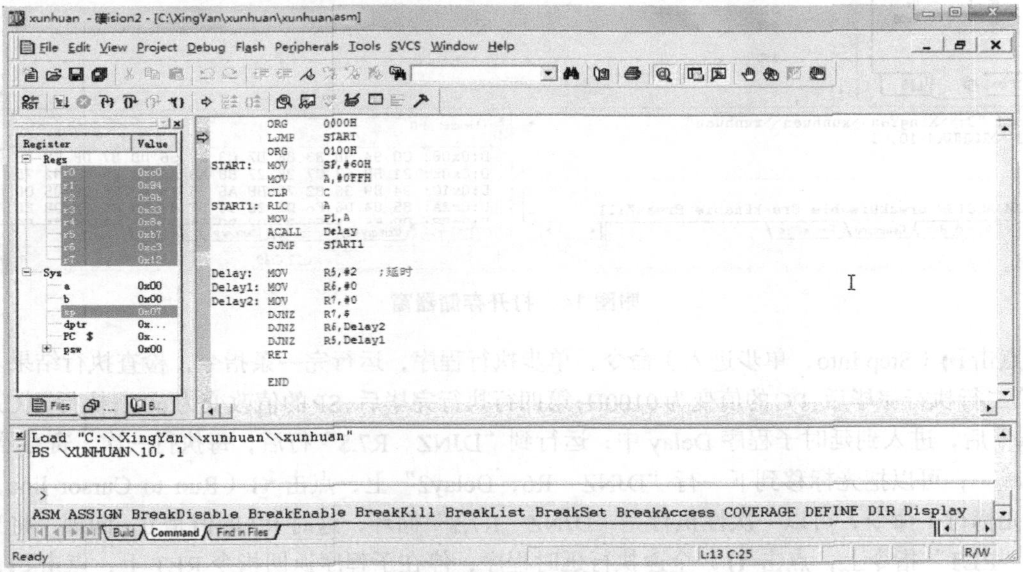

附图 12　调试状态窗口

执行“主菜单”→“Peripherals”→“I/O-Ports”→“Port 1”，μVision 打开 P1 小浮窗，如附图 13 所示。

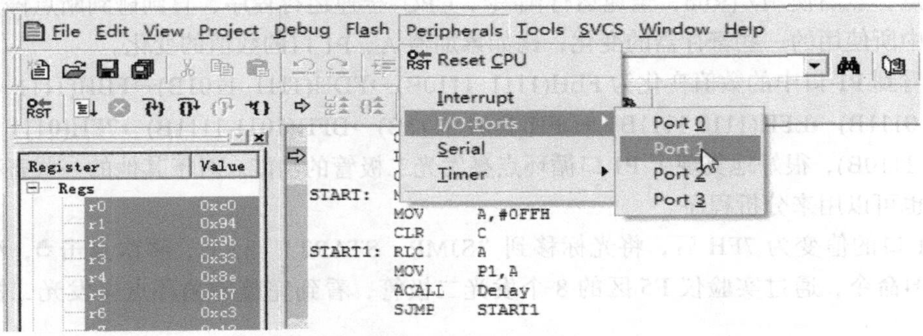

附图 13　打开 IO 口

执行“主菜单”→“View”→“Memory Window”或点击命令，Keil μVision 打开存储器窗，如附图 14 所示。

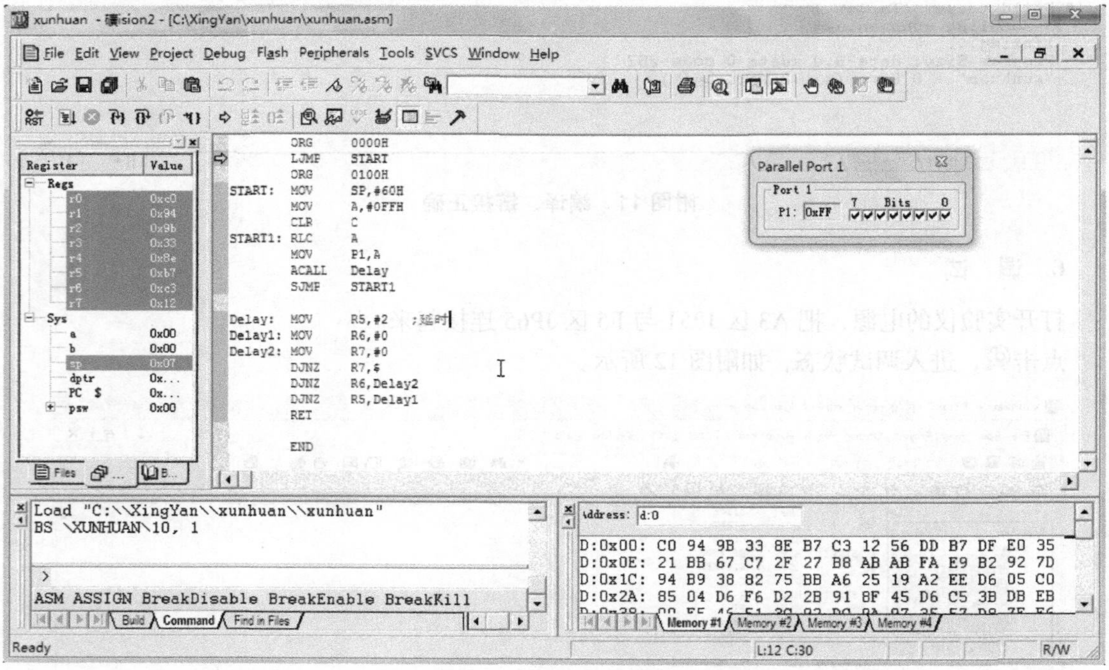

附图 14　打开存储器窗

点击（Step into，单步进入）命令，单步执行程序，运行完一条指令，检查执行结果。例如：第二行执行完毕后，PC 的值变为 0100H；第四行执行完毕后，SP 的值改变为 60H；执行“ACALL Delay”后，进入到延时子程序 Delay 中；运行到“DJNZ　R7,$”行后，每执行一次，寄存器 R7 的值减一；可以把光标移到下一行“DJNZ　R6，Delay2”上，点击（Run to Cursor line，运行到光标行）命令，可以一次性执行完“DJNZ　R7,$”循环，这时 R7 的值是 0；同理，将光标移到“RET”指令上，点击，全速执行延时程序，停在子程序返回指令 RET 上，点击，返回主程序，PC 的值变为 010BH。因为 Delay 子程序已经调试过，以后执行到“ACALL　Delay”行时，可以使用（Step over,单步）命令，全速执行延时程序，停在下一行上；也可以将光标移到“SJMP　START1”行上，点击（Insert/Remove Btreakpoint，设置或清除断点），在该行上设置一个断点，然后使用(Run，全速运行)命令，CPU 全速运行程序，直到碰到断点停止运行。观察程序中所使用的一些寄存器的变化，比如累加器 A、P1 口的数值的变化。

可以看到 P1 口中的数值变化为 FEH(1111　1110B)→FDH(1111　1101B)→FBH(1111　1011B)→F7H(1111 0111B)→EFH(1110 1111B)→DFH(1101 1111B)→BFH(1011 1111B)→7FH(0111 1111B)→FEH(1111 1110B)，很好地实现了 P1 口循环点亮发光二极管的功能。对于其他的一些寄存器的数值的观察也可以用来分析程序。

等 P1 口的值变为 7FH 后，将光标移到“SJMP　START1”行上，再次点击，清除该断点，使用命令，通过实验仪 F5 区的 8 个发光二极管，看到完整的循环点亮发光二极管执行效果。

7. 存贮器窗

存贮器窗下方有 4 个标签，相当于 4 个存贮器窗叠在一起，通过标签来切换，如附图 15 所示。

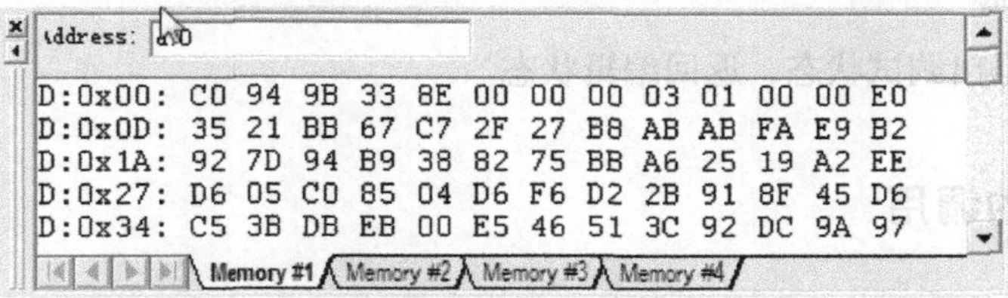

附图 15　存贮器窗

（1）改变观察的空间。

在“Address:”中输入“空间:地址”，如附表 3 所示。

附表 3

Address:	说　明
d:0	存贮器窗显示 CPU 内部 RAM 00H～7FH 单元中数据；显示 CPU 的特殊功能寄存器 80H～0FFH 中数据
i:0x30	存贮器窗显示 CPU 内部 RAM 从地址 30H 开始的单元中的数据
x:0xf000	存贮器窗片外数据空间从地址 f000H 开始的单元中的数据
c:0x1000	存贮器窗程序空间从地址 1000H 开始的单元中的数据

（2）修改数据。

在需要修改的单元上点击鼠标右键，弹出快捷菜单，如附图 16 所示。选择“Modefy Mempory at I:0x00”命令来修改内部 RAM 00H 单元的内容。

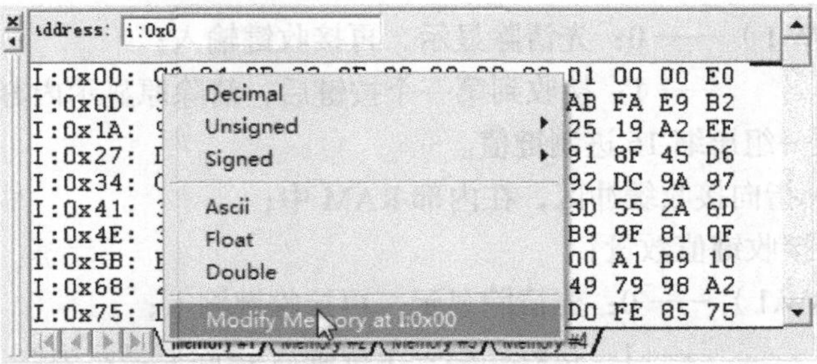

附图 16　修改存储器数据

也可以在“Output Window”的“Command”标签页的命令上输入“E CHAR i:30H=55H,0AAH,11H,22H”后回车，可以一次修改多个单元中的数据，如附图 17 所示。

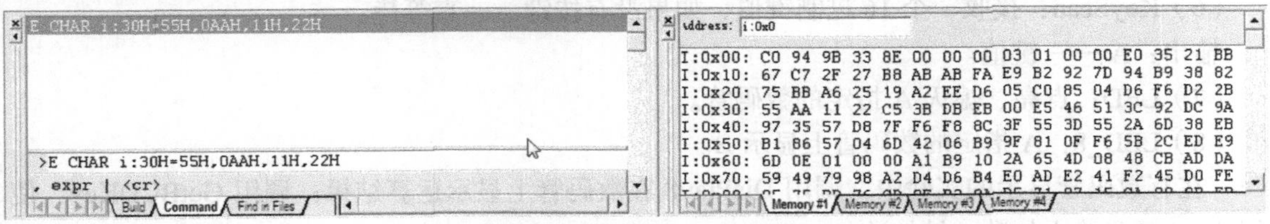

附图 17　修改多个单元数据

点击命令复位 CPU，可以重新调试运行程序。

8. 退出调试状态

点击命令，退出调试状态，返回编辑状态。

三、库函数的调用

星研提供了一个库文件 STAR51.LIB，它提供了键盘、数码管扫描方面的 8 个库程序。

（1）DisPlay8：显示子程序（8 位）。

输入参数：R0——指向 8 字节显示缓冲区，在内部 RAM 中；

如果需要显示小数点，8 位 16 进制数的最高位为 1，例如：80H；

如果某位不需要显示，符值 10H；

如果需要显示负号“-”，符值 11H。

例子：10H，10H，03H，82H，00H，00H，00H，00H　显示为：“　32.0000”。

（2）DisPlay4：显示子程序（4 位，显示于数码管的低 4 位）。

输入参数：R0—指向 8 字节显示缓冲区，在内部 RAM 中；

如果需要显示小数点，8 位 16 进制数的最高位为 1，例如：80H；

如果某位不需要显示，符值 10H；

如果需要显示负号“-”，符值 11H。

例子：10H，10H，03H，82H，00H，00H，00H，00H　显示为：“　32.0000”。

（3）GetBCDKey：接收一组压缩 BCD 码键值。

输入参数：R0 —— 指向接收缓冲区，在内部 RAM 中；

A —— 接收键值数量；

F1（PSW.1）—— 0：先清除显示，再接收键输入；

—— 1：接收到第一个按键后，清除原显示内容，再显示键值。

（4）GetKey：接收一组压缩 16 进制键值。

输入参数：R0 —— 指向接收缓冲区，在内部 RAM 中；

A —— 接收键值数量；

F1（PSW.1）—— 0：先清除显示，再接收键输入；

—— 1：接收到第一个按键后,清除原显示内容,再显示键值。

（5）GetKeyA：接收一个 16 进制键值，如果没有按键，立即返回。

输出：CY —— 0，没有按键；

CY —— 1，A —— 键值。

（6）KeyScan：接收一个 16 进制键值，如果没有按键，一直等待。

输出：A —— 键值。

（7）LED：点亮、熄灭 A 指定的数码管。

（8）LED_8：A 指定的数码管上显示 B。

在有数码管显示的实验中，调用 DisPlay8 在数码管上显示运算结果；调用 GetBCDKey，使用 4 × 4 键盘输入加数、被加数。

创建这类项目、源文件时与上一例子有点区别。

1. 将库文件添加到项目中

如果星研集成环境软件安装在“c:\xingyan”中，在“c:\xingyan”文件夹中有一个库文件 STAR51.LIB，如果您需要调用键盘、数码管扫描方面的库程序，在创建项目时，将 STAR51.LIB 添加到项目中，如附图 18 所示。

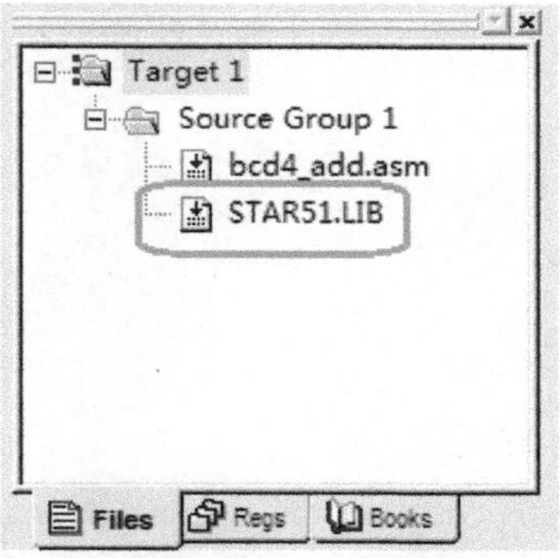

附图 18 添加库文件 STAR51.LIB

2. 源文件中说明

调用的库程序，需要在源文件的最前边使用“extrn”伪指令加以说明，如附图 19 所示。第一行说明了该源文件需要使用“Display8”“GetBCDKey”二个库程序。

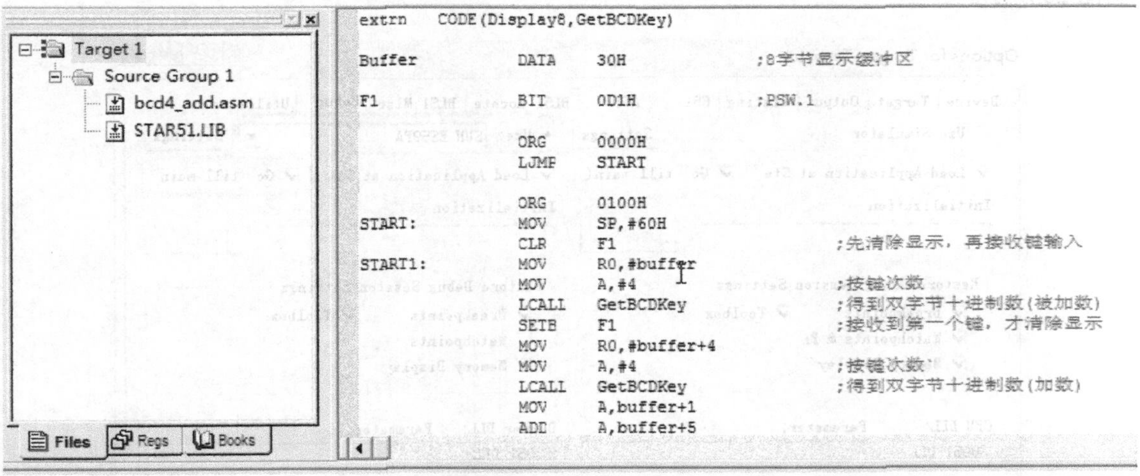

附图 19 使用库函数

四、用 C 语言实现循环点亮发光二极管程序

用 C 语言来实现循环点亮发光二极管。具体程序如下：

#include "reg52.h"

```
void delay()                                    //延时
{     unsigned int i;
      for (i = 0; i < 0xffff; i++)
      {;};
}
main()
{     unsigned char a,b,c;
      a = 0xfe;
      while(1)
      {     P1 = a;
            b = a >> 7;
            c = a << 1;
            a = c | b;
            delay();
      }
}
```

建立完整项目、源文件等，这里仅就几点不同加以说明。

1. 设　置

设置项目时，对“Target”“Output”属性页的设置是一样的，区别在“Debug”属性页。如附图 20 所示。

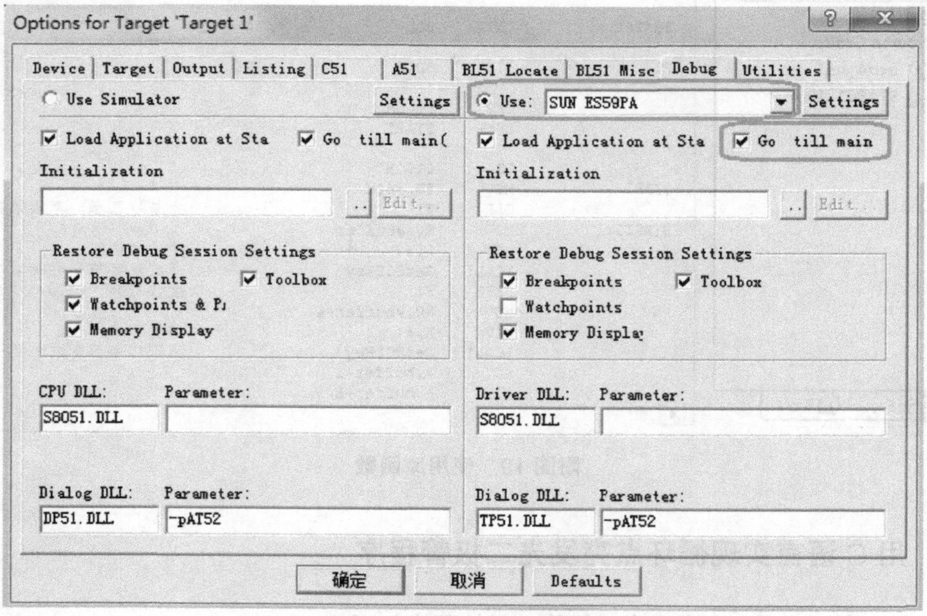

附图 20　Debug 属性页设置

选择“Debug”属性页，如果您准备模拟调试，可以选择“Use Simulator”，如果您有实验仪，请选择“SUN ES59PA”，同时选中“Go till main”。点击，进入调试状态时，Keil μVision 首先将生成的机器码装入仿真器或仿真模块的仿真 RAM 中，然后，仿真 CPU 全速运行程序，运行到 main 函数后，停止执行，当前 PC 标志在 main 函数内第一个有对应代码的行上，如附图 21 所示。

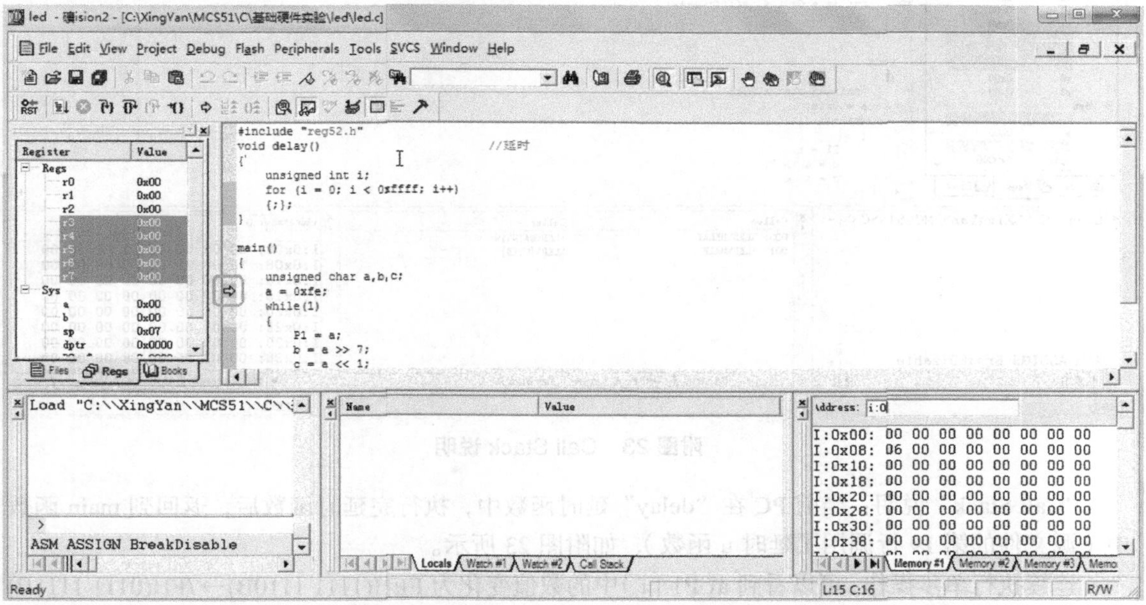

附图 21　PC 标志

对项目正确编译、链接后，点击，进入调试状态。调试 C 文件时，经常需要查看变量的值，执行“主菜单”→“View”→“Watch & Call Stack Window”或点击命令，Keil μVision 打开观察、堆栈窗，如附图 22 所示。

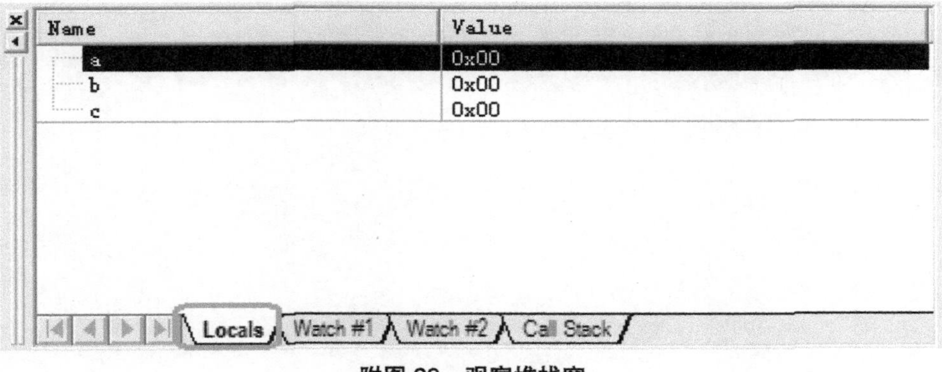

附图 22　观察堆栈窗

“Locals”标签页中显示当前函数内变量，图中的“a”“b”“c”都是 main 函数中定义的变量；对于经常查看的变量可以添加到“Watch #1”“Watch #2”页中；“Call Stack”视窗中反应函数间调用关系。

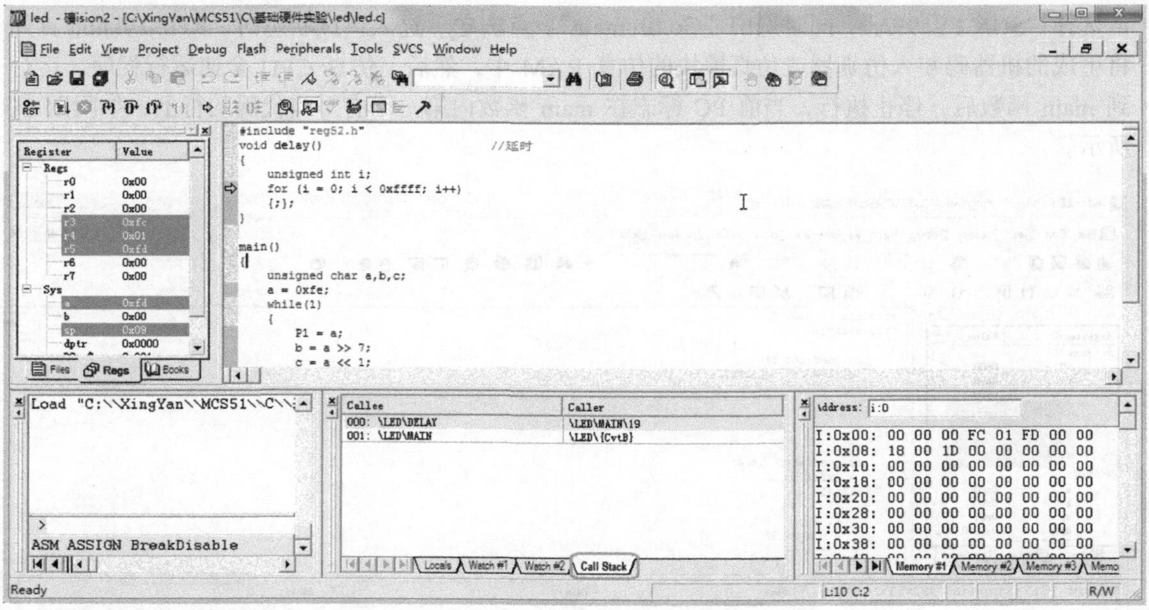

附图 23　Call Stack 说明

“Call Stack”说明：当前 PC 在“delay”延时函数中，执行完延时函数后，返回到 main 函数中（源文件的第 19 行调用了延时 u 函数），如附图 23 所示。

连续执行单步操作，可以看到 a（P1 口）中的数值变化为 FEH(1111 1110B)→7FH(0111 1111B)→BFH(1011 1111B)→DFH(1101 1111B)→EFH(1110 1111B)→F7H(1111 0111B)→FBH(1111 1011B)→FDH(1111 1101B)→FEH(1111 1110B)很好地实现了 P1 口循环点亮发光二极管的功能。对于其他的一些寄存器的数值的观察，也可以用来分析程序。

参考文献

[1] 徐爱钧. 单片机C语言编程与Proteus仿真技术[M]. 北京：电子工业出版社，2015.
[2] 汪道辉. 单片机系统设计与实践[M]. 北京：电子工业出版社，2006.
[3] 孙涵芳，徐爱卿. MCS-51、96系列单片机原理及应用[M]. 北京：北京航空航天大学出版社，1998.
[4] 何立民. MCS-51系列单片机应用系统设计系统配置与接口技术[M]. 北京：北京航空航天大学出版社，1990.
[5] 李朝青. 单片机原理及接口技术[M]. 北京：北京航空航天大学出版社，2006.
[6] 郑学坚，周斌. 微型计算机原理及应用[M]. 北京：清华大学出版社，2001.
[7] 朱清慧，张凤蕊，翟天嵩，等. Proteus教程——电子线路设计、制板与仿真[M]. 北京：清华大学出版社，2008.
[8] 周润景，张丽娜. 基于Proteus的电路及单片机系统设计与仿真[M]. 北京：北京航空航天大学出版社，2006.
[9] 马忠梅、马凯. 单片机的C语言应用程序设计[M]. 北京：北京航空航天大学出版社，2007.
[10] 徐爱钧. Keil C51单片机高级语言应用编程与实践[M]. 北京：电子工业出版社，2013.